属于我们的彩妆书

ARORA实用彩妆大揭秘

ARORA◎著

知识产权出版社

责任编辑：熊　莉　王金之　　　责任校对：韩秀天
装帧设计：Anyfree® Bookdesign Studio 安宁书装 www.yaword.com　　　责任出版：卢运霞

图书在版编目（CIP）数据
属于我们的彩妆书——ARORA 实用彩妆大揭秘 / ARORA 著 .——北京：知识产权出版社，2011.3
ISBN 978-7-5130-0043-7

Ⅰ. ①属… Ⅱ . ① a… Ⅲ . ①女性－化妆－基本知识
Ⅳ . ① TS974.1

中国版本图书馆 CIP 数据核字（2010）第 217129 号

属于我们的彩妆书——ARORA 实用彩妆大揭秘

Shuyu Women De Caizhuangshu——ARORA Shiyong Caizhuang Dajiemi

ARORA 著

出版发行：知识产权出版社
社　址：北京市海淀区马甸南村 1 号　　邮　编：100088
网　址：http://www.ipph.cn　　邮　箱：bjb@cnipr.com
发行电话：010-82000860 转 8101/8102　　传　真：010-82005070/82000893
责编电话：010-82000860 转 8176/8112　　责编邮箱：xiongli@cnipr.com/wangjinzhi@cnipr.com
印　刷：北京市凯鑫彩色印刷有限公司　　经　销：当当网 www.dangdang.com
开　本：889mm×1194mm　1/24　　印　张：5.5
版　次：2011 年 3 月第 1 版　　印　次：2011 年 4 月第 2 次印刷
字　数：65 千字　　定　价：30.00 元
ISBN 978-7-5130-0043-7/TS・001(2873)

自序

2006 年，我在无名网站开了博客，迈出了彩妆生涯的第一步。2007 年，又跟风在新浪网上开了彩妆博客。通过博客和美容论坛，我认识了很多爱美、爱生活的姐妹。慢慢地，彩妆成了我生活中的一个重要部分，我把全部精力都投入彩妆上，并在网上和姐妹们分享我的彩妆心得。无数姐妹对我的肯定，给了我莫大的鼓励，也坚定了我从事这一行业的信念。2009 年年底，两位热爱彩妆的编辑联系我，希望我能出一本实用的彩妆书，我欣然答应。

这本书是我在怀孕 5 ~ 9 个月的时间里完成的，既辛苦又充满乐趣。在家拍摄妆容的时候，肚子里的花生米小宝宝经常会拱来拱去，让我感受到小生命的蓬勃活力，也给了我更大的动力去完成写作。书中的图片都是我在家自己拍摄的，虽然不那么精致，不那么完美，后期的妆容还能看出孕妇的浮肿感，但是我仍然希望能通过它们，传达我的美丽心得，让更多的 MM 了解彩妆的魅力。我们不是大明星，但我们也可以通过自己的方式，塑造一个更加光鲜的自我，以更加美好的姿态面对生活。

书中的内容没有照搬博客，而是综合网友们关注的彩妆问题，挑选一些具有代表性的妆容进行制作。此外，我还介绍了自己几年来摸索的一些实用的小技巧。妆容方面依然是以眼妆为主，从最简单的妆容入手，逐渐增加色彩和难度，通过不同的手法对眼形进行修饰与调整，力求不同条件的 MM 都能在书中找到适合自己的妆容。当你翻看完整本书之后，也许会发现，原来我们都可以化出美丽的彩妆。

在这里，要感谢父母对我的悉心照料，令我能够安心完成书稿的制作；感谢老公多年来对我的支持和宠爱，使我能够将爱好变成事业；感谢知识产权出版社和两位编辑熊莉、王金之给我提供出版平台，使我这个草根彩妆迷有机会与大家分享自己的彩妆心得；也感谢我的花生米乖宝宝，在整个孕期都很体谅妈妈，让我能以充足的体力和精力专心写作。最后，祝愿我在这段时间孕育出的两个宝贝——亲爱的宝宝和心爱的书，都能茁壮成长！

目录

CHAPTER 1 化妆基础

CHAPTER 2 妆容详解

CHAPTER 3
彩妆窍门

化妆基础
Hua Zhuang Ji Chu
CHAPTER 1

打造完美肌肤——妆前护理、粉底、遮瑕

一．上妆前的皮肤护理

润泽平滑的皮肤，是妆容干净服贴的基础，也会给上底妆的工作减少很多负担。想追求完美的妆效，最基本的前提是做好妆前的护肤工作，给后续的底妆产品提供一个良好的基础。

清洁是好皮肤的第一步。请根据自己的肤质，选择适合的洁肤产品。之后按照爽肤水—眼霜—精华—面霜的顺序，涂好保养品。在擦好面霜后，不要急着上妆，请耐心等候 10~15 分钟（等待过程中，可以轻轻用掌心拍打脸颊，帮助保养品吸收，促进血液循环），等所有的保养品都完全吸收后，再涂抹底妆产品。否则保养品还停留在皮肤表面，会令底妆涂抹不匀而显得浑浊黯淡。

针对缺水问题，除了日常加强补水保湿外，还可以通过在上妆前做补水面膜来即时提升皮肤的含水量。最简单的方法就是将浸过保湿型化妆水的棉片敷于面部 5~10 分钟，之后擦上保湿型的乳液或者面霜将水分锁住。

定期去除角质，可以帮助保养品更好地吸收，使皮肤在上妆时更加平滑。使用频率可根据去角质产品的强度和自身皮肤的耐受性来决定，一般控制在每周 1~2 次，敏感薄皮请适量减少使用次数。

如果后面涂抹的底妆产品不带防晒值，一定要加涂防晒霜，因为紫外线的照射容易引起皮肤老化、变黑。

二. 妆前打底

现实生活中拥有完美肌肤的人少之又少，普通人多少都会有毛孔粗大、肤色不均、痘印、泛红等问题。在上粉底之前，可以根据个人需要，选用适合的妆前打底产品来初步修饰皮肤瑕疵，为完美的妆效奠定基础。

La Prairie 玫瑰底霜

1. 填充毛孔类打底

这类产品基本是无色透明的，成分含硅，可以起到填充毛孔、平滑肌肤的作用，之后再上粉底，毛孔会基本隐形，粉底也会更加服贴和持久。大家可以根据自身肤质选择保湿型或者控油型。该产品成分中含有硅，所以痘痘肌使用后一定要彻底卸妆，以避免堵塞毛孔加重发痘状况。

2. 润色型打底

这类产品类似于稀释过的粉底液，带有轻微的润色效果，一般还带有防晒值。喜欢淡妆且皮肤无须过多遮瑕的人，可以用它来代替粉底。在它的基础上叠加粉底，可以让粉底的遮瑕效果加倍。

By Terry 玫瑰润色隔离

3. 饰底乳

这类产品是用来调节肤色不均的。譬如，紫色饰底乳可修饰暗沉发黄肤色，绿色饰底乳可调节皮肤泛红，粉色饰底乳可修饰苍白肤色，蓝色饰底乳可修饰黑黄肤色，黄色、白色饰底乳可以起到提亮作用。饰底乳无须全脸涂抹，可以只涂在需要修饰的部位。譬如，绿色的用在泛红较严重的鼻翼处；紫色的用在下眼睑、嘴角暗沉处；粉色的用在脸颊处；黄色、白色的用在需要提亮的额头、鼻梁、下巴处等。可根据个人需要来搭配。

By Terry 玫瑰修色霜
GOSH 绿色修正液

三. 底妆产品分类

粉底大致可分为粉底液、粉底霜、粉膏、粉饼、矿物粉。大家可以根据自己的肤质、对妆面的偏好来选择。经常有网友问我，她的肤色肤质用什么粉底比较好。我的回答一般都是最好亲自到柜台去试，可能的话，要一包试用装回家用几天再看。因为市面上的粉底选择太多，而每个人的肤质肤色差别又很大，个人的经验很难适用到别人身上。在选择彩妆品的问题上，参考他人心得是一条捷径，但也不要盲从，一定要根据自己的具体情况，理智地选择哦。

下面简单介绍一下不同粉底的特点差异，供初接触彩妆的人参考。

1. 粉底液

这是我们最常用到的粉底形式。半流体质地，上妆比较简单，容易推匀，遮瑕力属于弱至中等。妆效比较透明，适合喜欢裸妆感的化妆人士。如果追求更多的遮瑕，可以搭配遮瑕膏，或者选择其他质地的粉底。

Dior Nude 粉底液
美宝莲 Dream Satin 粉底液

2. 粉底霜

这类粉底滋润度比较高，适合偏干性皮肤。遮瑕力也比粉底液强。使用时注意不要涂抹过多，否则会令妆感厚重。用量比粉底液省，每次一颗黄豆大小即足够涂抹全脸。

La Mer 护肤粉霜

3. 粉膏

粉膏一般是管状旋转式包装，使用方便，只需要旋出产品，在脸上化几道，然后用手指或海绵推匀即可，不需要太多技巧。一般控油性能比较好，适合混合/油性皮肤的人。

Max Factor 粉条

4. 粉饼

估计每位化妆女士的包中都会有一块粉饼吧。粉饼的优点在于包装小巧，便于携带，使用方便，遮瑕力中上。除了做底妆，也是出门补妆必不可少的好帮手。

La Mer 修护养肤粉饼

5. 矿物粉底

从欧美流传过来的矿物粉底现在也成为底妆的主流之一，尤其受到偏油性皮肤或敏感性皮肤人士的喜爱。因为它没有加入任何人工香料色素，都是纯矿物成分，给皮肤带来的负担很小，不会堵塞毛孔。妆效富有光泽，遮瑕力可根据需要自由调节。

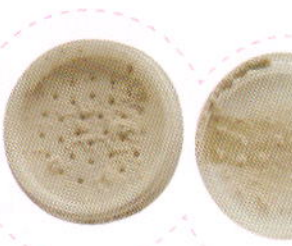

Lovely Everything
矿物粉底

四．底妆工具

1.
2.
3.

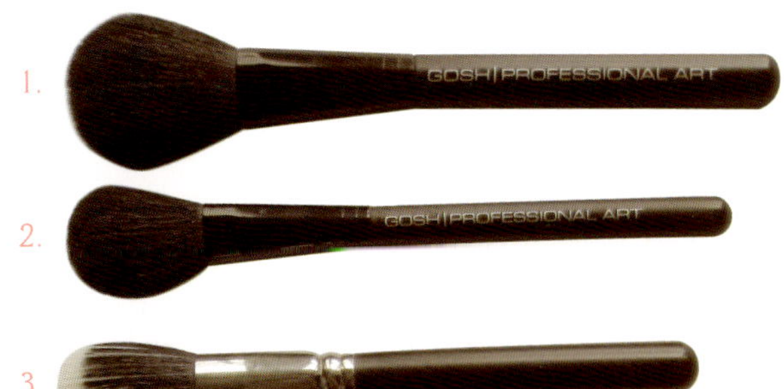

1. 散粉刷
用来扫散粉和蜜粉，刷头较大毛质松软。
（GOSH 散粉刷）

2. 腮红刷
形状与散粉刷相近，但小一号，可以用来扫腮红。
（GOSH 腮红刷）

3. 多功能双重毛刷
由天然毛和合成毛组成的多功能刷具，可以用来扫蜜粉、腮红、粉底液、粉饼、高光、修容等，一刷多用，非常实惠。特别是扫显色较重的腮红，效果优于普通腮红刷，出来的效果薄透自然。
（MAC #187 刷）

4.

4. 斜角腮红刷
刷毛的角度可以抓住颧骨轮廓，适合扫腮红和修容粉。（MAC #168 刷）

5.

5. 粉底刷
一般都是合成毛质地，用来上粉底液 / 霜。
（LANCOME 粉底刷）

6.

6. 锥形粉刷
刷头横截面是圆形，顶部呈圆锥形，用刷头侧面可扫腮红，用刷头顶端可以上高光粉。
（MAC #165 刷）

7.

7. 短毛双重毛刷
毛质与多功能双重毛刷相同，但刷毛更短、扎得更结实，适合上霜状质地的产品，如粉底霜、腮红霜。（MAC #130 刷）

8.

8. 短柄平头刷
英文称为 kabuki brush，是在欧美非常流行的刷具，可用来上矿物粉底、粉底液 / 霜，也可在底妆最后一步作全脸抛光，去除底妆产品的浮粉感。
（Lovely Everyday Mineral 平头刷）

9.

9. 扇形刷
可用来扫散粉、腮红，还可用来清除化眼妆时掉落的眼影残粉，比用棉花棒清理得干净。
（GOSH 扇形刷）

五. 粉底的上妆方法

拥有好的粉底产品，如果使用方法不得当，很可能无法发挥出粉底本身的潜力。而如果掌握了合适的方法工具，就算是很平价的粉底也能刷出大牌的效果哦。下面介绍一下我总结出来的不同粉底的上妆方法。

1. 粉底液上妆

很多人喜欢用手指来上粉底液，因为方便快捷，并且手指的温度可以帮助粉底融合到皮肤里面。但是，手指上粉底液有一个问题就是不够均匀，出来的妆面要么遮瑕不足，要么透明感不足。我个人并不是很推荐这种方法。海绵上妆也是一个选择，比用手指上妆均匀，但是海绵会吸收一部分粉底液，浪费产品，遮瑕力也有所欠缺。

我最推荐的上妆工具是刷子，可以刷出薄、透、匀的底妆效果。下面以多功能双重毛刷为例介绍上妆的手法。

首先，用棉棒挖取适量粉底液/霜于手背上。尽量不要把手指伸进粉底产品，防止细菌滋生。

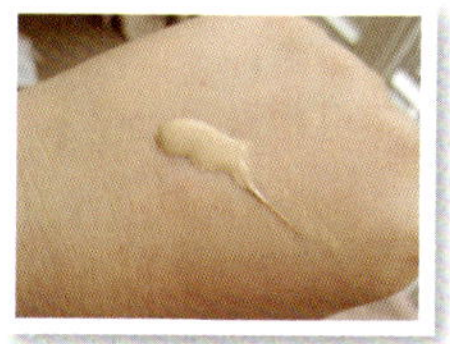

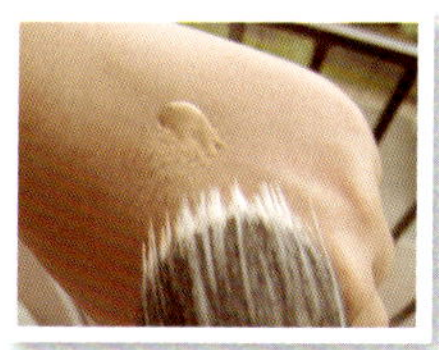

用刷子均匀蘸取粉底。

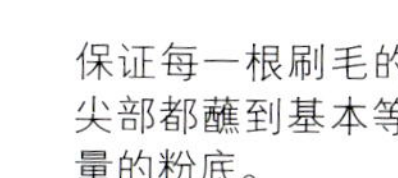

保证每一根刷毛的尖部都蘸到基本等量的粉底。

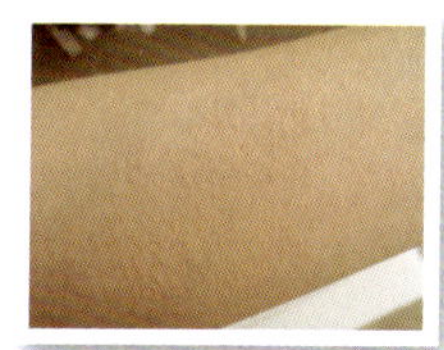

将刷头垂直于皮肤，以点戳的方式，将刷毛上蘸取的粉底均匀点在皮肤表面。

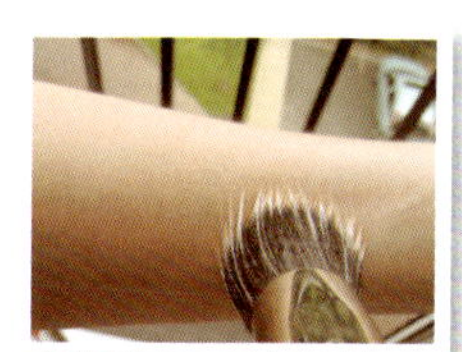

最后，用刷头平面以打圈方式将粉底推匀即可。

这种方式上过的底妆，不仅遮瑕力优于使用手指、海绵或普通扁头粉底刷上的底妆，而且妆感自然、透亮，富有光泽感，上妆时间也比较节省。

大家也可以用这种刷子来刷粉饼，方法是类似的，先用刷头均匀蘸取粉饼，之后以点戳方法均匀点于皮肤表面，最后打圈推匀。

2. 粉底霜上妆

粉底霜推荐用手指和海绵配合上妆。取少量粉底霜，点在额头、鼻梁、两颊和下巴处，用中指和无名指由内而外轻轻点拍均匀。之后用干净的海绵轻压，使粉底更加服贴。如果使用刷具，请选择刷毛扎得比较紧实有力的刷子（见刷具 7），使用手法请参考用刷具上粉底液的部分。

3. 粉饼上妆

如果追求较高遮瑕力的妆面，可以用海绵弹拍的手法上粉饼。

如果想要有更多清透感，推荐使用散粉刷（见刷具 1）或者平头刷（见刷具 7 和 8）来上妆。

4. 矿物粉上妆

上矿物粉最适合的工具是短柄平头刷。

首先将适量矿物粉底倒在盒盖里，避免取粉量过大。

将平头刷伸进盒盖，以打圈的方式使刷头沾满矿物粉。

将刷头在盒子边缘磕几下抖掉多余的粉，然后用刷头垂直于皮肤进行打圈。

六．遮瑕

很多网友问到使用遮瑕膏的顺序问题。其实，这取决于粉底的质地。如果是粉底液/霜，为了避免在上粉底时将遮瑕推花，可在上好粉底后再涂遮瑕膏。如果是粉饼或矿物粉，就刚好相反，要先涂遮瑕后上粉底了。

在遮瑕膏的选择上，要尽量挑选油分适中的产品。油分过低，会突出干纹；油分过高，遮瑕力会不持久。

眼部的遮瑕，要注意保湿力，眼周皮肤过干的人，可以试试先轻拍一层 gel 状补水型眼霜在下眼睑，在眼霜全部吸收之前，涂眼部遮瑕膏，这样能够减少眼部干纹。

MAC #242 刷

一般用这种合成毛扁头刷具来作遮瑕刷

涂遮瑕膏的时候，先用遮瑕刷蘸取适量遮瑕产品点在瑕疵处，然后用拍打的手法，使遮瑕品集中在瑕疵位置，并在边缘渐渐弱化散开。为了使遮瑕品更加持久，可以在涂抹遮瑕膏后轻压少量蜜粉定妆。

七．蜜粉定妆

这个步骤是保持妆容干净、持久的重要一步，特别是面部容易出油的人，请一定不要忽视。

经常有网友问蜜粉和散粉有什么区别。其实呢，散粉是蜜粉的一种，以松散干粉形式存在。另外，还有压成粉饼状的蜜粉饼。散粉适合在家中使用，蜜粉饼则适合出门随身携带补妆使用。

刷具 1

一般我们使用散粉刷（见刷具 1）来刷蜜粉，从脸部中央开始，因为这是最容易出油的部位，从上到下，从内向外扫匀。建议在上过粉底后，先扫散粉，再扫腮红修容等产品。因为刚刚上过粉底液的皮肤，多少会有点湿润发粘，如果直接扫腮红，容易使腮红贴在皮肤上，不易推匀。干性皮肤的人，要尽量选用控油力较弱的保湿型散粉，用量不要过多，薄薄扫过 T 区即可，以免令皮肤过于干燥。油性皮肤的人，可以先用大粉扑将散粉扑在面部，着重 T 区，之后用散粉刷（见刷具 1）扫除余粉，这样可以提供更强控油力，使底妆持久力加强。

八. 补妆

1. 用吸油面纸吸掉面部浮油。这个步骤很重要，如果面部出油直接补粉，会令底妆变得斑驳不均，甚至出现卡粉现象。

2. 用海绵或者便携式刷具蘸取粉饼 / 蜜粉饼扫过全脸，着重 T 区部位。

3. 如果眼妆有晕开状况，要使用棉花棒轻轻将花掉的眼线、眼影或晕染到眼皮的睫毛膏污渍清理干净，如有需要，可以补上一些眼线、眼影。

4. 如果眼睛下方出现干纹，可拍少许补水型眼胶，等纹路弱化后扫少量粉饼 / 蜜粉在这个区域。

5. 如有需要，还可随身携带唇膏 / 唇蜜 / 腮红，补上其他褪色的妆容部分。

脸型修饰——修容、高光、腮红

这是给刚刚上过粉底显得平板没生气的脸部带来活力的重要步骤，请一定不要忽略哦。

一. 修容高光

黄色区域为高光，棕色区域为修容

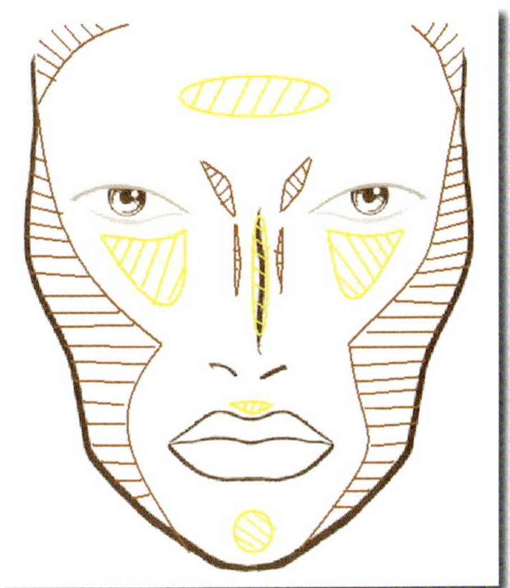

修容是让需要看起来弱化或有凹陷感的部位凹下去，高光则是让需要有骨骼感的位置凸出来。亚洲女生的面部轮廓通常比较平，所以这两个步骤可以人为地制造立体感，使妆容更加生动。

如左图所示，由太阳穴位置斜向下沿颧骨下方凹陷处扫阴影粉，并延伸到下巴两侧，可以塑造瓜子脸尖下巴，有双下巴困扰的人，还可以仰起头在下巴下方也扫一些阴影，使下巴线条更加清秀。额头过宽或脸型较长的人，可以在额头发际线处淡淡扫一道阴影，改善脸部比例。

塌鼻梁的人，可以通过化鼻影塑造富有立体感的鼻形。从眉头下方凹陷处起，在鼻根两侧晕染出一块三角形阴影，使鼻骨显得突出。如要令鼻子更加秀挺，可沿鼻骨两侧，淡淡扫出两道阴影，加强鼻子轮廓。

高光一般扫在额头、鼻梁中央、眼睛下方倒三角区、唇峰上方及下巴处。颧骨过高的人，在眼睛下方三角区提亮可以改善棱角过于硬朗的轮廓。

一般常用的修容高光产品是专门的修容高光粉，也可以选择比肤色深 1~2 号的粉底与浅 1~2 号的粉底代替。修容尽量选择亚光质地的产品，高光则可选择带自然闪粉或者亚光浅色的产品。

MAC 双色修容

Sleek 双色修容组合

Max Factor 修容粉条

修容工具

斜角粉刷或圆头粉刷可以用来扫粉状修容产品。
海绵则可用来推开膏状/液状修容用粉底。

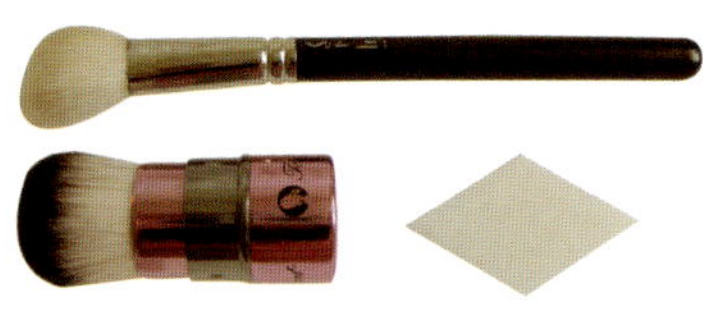

MAC #168 刷
Too Faced 伸缩便携圆头刷
MUJI 菱形海绵

高光工具

锥形刷可以精确地将高光粉扫在需要突出的部位。

MAC #165 刷

鼻影工具

鼻影一般要选择比面部其他位置的修容阴影粉浅一点的咖啡色，可以用浅色眉粉代替。刷子可以尝试用圆头眼影刷，尺寸刚刚好。

Ruby & Millie 眉粉
MAC#224 刷

二. 腮红

腮红除了能够增添气色外，也能起到修饰脸型的作用。我们平时用到的腮红产品，一般分为粉状、霜状和液状。

粉状腮红最为普遍，优点是显色度好，颜色选择多，可以较轻易地控制上色形状和范围。若腮红不太显色，可选用毛质较紧实的刷具，以“压＋扫＋揉”的手法上色。而在使用重色腮红时，请尽量选择多功能双重毛刷，用刷毛垂直蘸取腮红，轻点1~2下即可，之后再垂直点压在脸颊处，然后通过打圈的手法均匀上色。

霜状腮红妆感更自然，可以通过多层叠加轻松控制显色度，但是由于含有一定油分，有时会不持久，油性皮肤的人在腮红上扫一层散粉便可解决出油问题。

液状腮红能够营造出从皮肤深层渗透出来的红润感，但是推匀需要一定技巧，不小心会出现色块感。可先用手指蘸取适量产品点在脸颊处，然后迅速用手指或海绵将其推开。

MAC 矿物腮红
NARS 霜状腮红
娇兰液体腮红

腮红工具

腮红刷

常规圆头腮红刷，适合用来上显色度中低等的粉状腮红。

GOSH 腮红刷

多功能双重毛刷

适合用来上显色度较重的粉状腮红，不会刷成“猴子屁股”，上色柔和而均匀。也可用来上质地较软的霜状腮红。

MAC #187 刷

锥形粉刷

适合用来上各种显色度的粉状腮红。

NARS Yachiyo 腮红刷

短毛双重毛刷

因为刷毛紧实有力，适合用来上霜状腮红。

MAC #130 刷

菱形海绵

可用来推开霜状和液状腮红。

MUJI 菱形海绵

为了令腮红颜色更加持久，可以使用“三明治”法，即先上粉底、散粉，然后上腮红，接着再扫一层散粉，将腮红封在两者之间。

腮红形状改变脸型

1. 圆形腮红

将粉嫩色腮红扫在苹果肌的位置，轻轻晕开成一个圆形。苹果肌就是微笑时，脸颊突起的最高点。

这种画法适合长相甜美、脸型小巧圆润的女生，可以增加妆容的甜美度，看起来可爱亲切。但脸型较大或过于圆润的人，应尽量避免这种刷法。

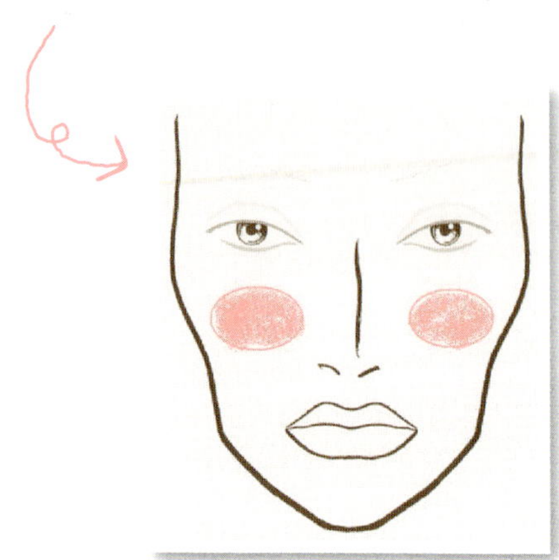

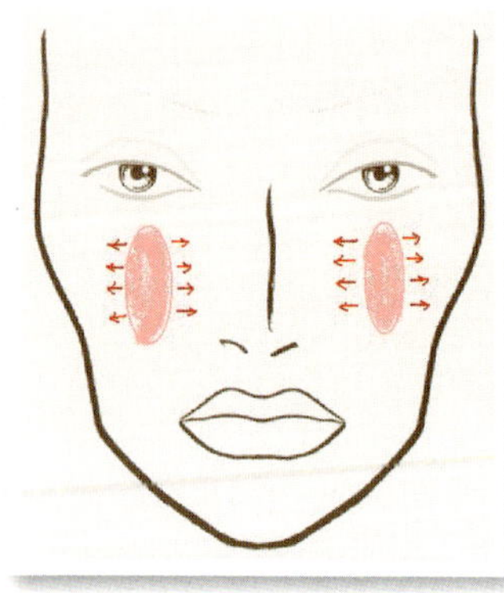

2. 竖长圆形腮红

将腮红以纵向椭圆形刷在脸颊处，轻微向两侧晕开。

这种画法适合脸型较短或宽的女生，可以纵向拉长脸型，视觉上使脸部比例更加平衡。

3. 横长圆形腮红

将腮红以横向椭圆形刷在脸颊处。

这种画法适合脸型较长或过于瘦削的女生，可在视觉上增加脸部宽度和饱满度。

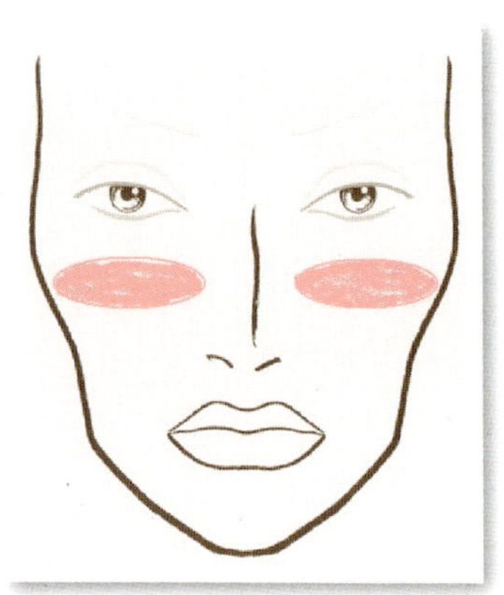

4. 斜刷钩形腮红

从太阳穴侧面向脸颊处斜扫出一个类似耐克 logo 的钩形。

这种画法适合所有的脸型，是最为实用的一种画法，既不失可爱，又能增加脸部立体感。

看看修容高光和腮红的作用吧

1

这是只上过粉底和散粉的样子，此时已是怀孕8个月的大肚婆，显得面部轮廓平板而苍白。

2

使用深色粉条作修容。涂在太阳穴侧面、颧骨下方以及下巴侧面。

用海绵仔细地从脸部外侧向内将修容粉条推匀，使它和粉底自然过渡，不要留下明显的深色界限。

PS 上修容产品时，一定要从脸的外侧向内侧匀色，保持颜色外侧深，越靠近脸内侧颜色越浅，最后与粉底颜色自然融合，这样才能达到自然修饰脸型的作用，不会留下尴尬的“络腮胡子”。使用粉状修容产品时，刷子每次蘸取产品要少，少量多次上色，刷子第一笔落点在发际线处，然后以打圈揉匀的手法向脸部内侧带过，并将深色边缘交界线揉开。

3

4

这个动作完成后，脸侧线条显得相对紧致一些，肤色也没有那么苍白了，多了一些暖调。

5

依照修容高光示意图，使用淡棕色眉粉在眉头下方凹陷处轻轻扫上少量眉粉，令鼻子轮廓更加挺拔。

6

按照高光示意图加上高光，并扫上钩形腮红后，整个面部便充满生气了。

认识眼周轮廓

想要化好眼妆，最基本的前提就是了解自己的眼睛轮廓，哪里凹哪里凸，这样化眼影眼线时才清楚上色的范围。

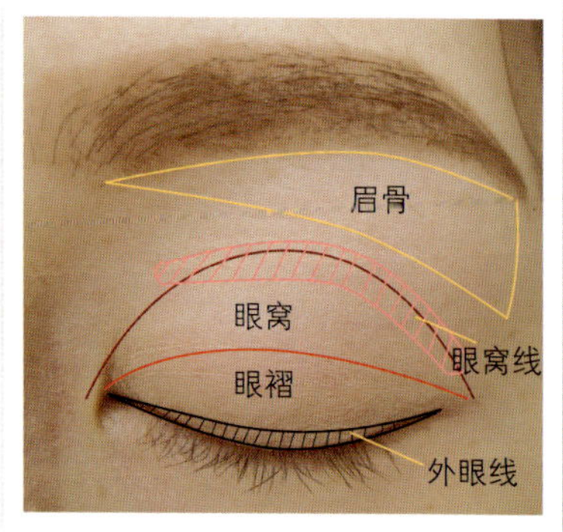

·眉骨

眉毛下方突出的那块骨头。化眼妆时，这个区域要用高光色打亮，使眉骨看起来更加突出，令眼睛更有立体感。

·眼窝线

闭眼时用手指触摸眼球的外边缘，那道凹陷的弧形线条就是眼窝线。化眼妆时，有时需要在这个线条处用深色眼影轻微晕染，制造类似欧美人的凹陷眼窝。

·眼窝

从睫毛根部到眼窝线之间的半弧形区域。上眼影打底色或者主色时，范围都要控制在眼窝范围内，不要超出，否则会显得眼部泡泡肿肿，切记。这是化眼妆很重要的一个基本准则。

·眼褶

这个是针对外双或者内双眼型的，从睫毛根部到双眼皮线之间的区域。化眼妆时，经常会在这个范围内上略深的颜色，使眼睛显得深邃。

·外眼线

紧贴上睫毛根部的区域，描画眼线时尽量贴近睫毛根部。

·上内眼线

上睫毛根部下方的空白线，用手指轻轻按压上眼皮将睫毛翻起即可看到这个位置。化眼妆时，用黑/棕色的防水眼线笔/胶将这个位置填满，可使睫毛看起来更浓密，同时也不会出现睫毛留白的尴尬。

·下内眼线

下睫毛根部上方的空白线。化眼妆时，这个位置可以不处理。也可用白色眼线笔涂抹，放大眼白范围，令眼睛看起来更大更清澈。搭配较浓重的烟熏妆时，可用深色眼线笔将下内眼线涂满，令眼睛轮廓更清晰。

·下眼线

下睫毛根部外侧的线条。可用眼线笔或眼影描画，制造淡淡阴影感，与上眼皮眼妆呼应。

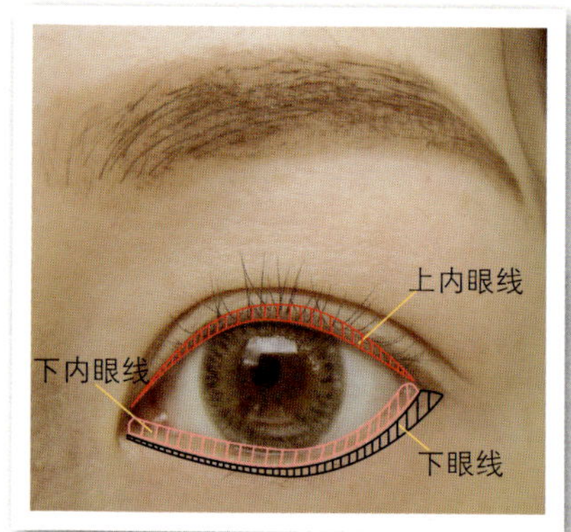

眼部打底很重要

就像底妆是整个妆面的基础一样，眼部打底也是必不可少的，是营造干净持久眼妆的基础。经常有网友问为什么自己的眼妆总是脏脏的，或者不显色，或者容易晕。其实很多情况下，是因为没有做好充分的打底工作。所以大家一定要重视这个步骤。

1. 帮助显色、固色的眼部打底产品

这类产品本身没有颜色，上眼后不影响眼皮本色，能够帮助眼影更加显色和持久，即使是容易出油的眼皮也不会出现眼影积线、晕妆的问题了。

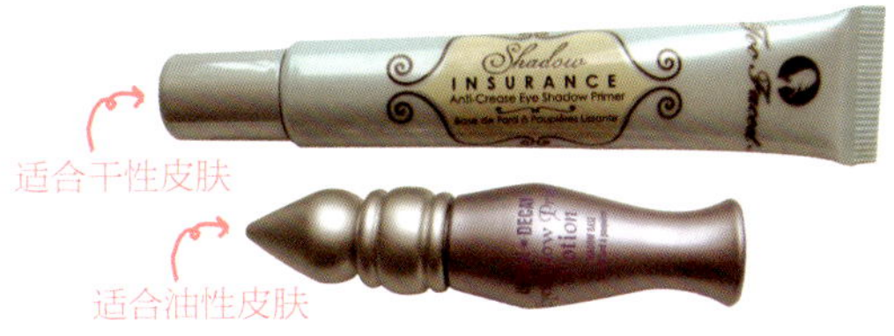

适合干性皮肤

适合油性皮肤

Too Faced Shadow Insurance 眼部打底膏
Urban Decay Primer Potion 眼部打底膏

2. 润色的眼部打底产品

这类产品可以起到润色作用，用来遮盖上眼皮的色素沉积，令眼部看起来明亮干净，眼影颜色也会得到更好的呈现。

Benefit Lemon Aid
柠檬亮眸膏

▶ 左边是直接擦眼影的效果，右边是先用了打底产品再擦眼影的效果，明显在显色和光泽上优于单擦的效果。

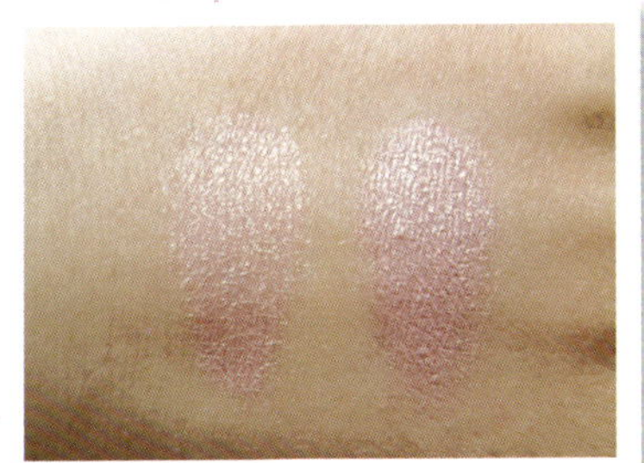

为了达到更完美的眼妆效果，建议大家将这两类打底产品一起使用，先用第一类产品显色、固色、防止出油，再叠加第二类产品令眼周皮肤干净明亮。

画眉深浅入时无

画眉是化妆中非常重要的一个环节，看起来简简单单的两道眉，却能够对整体妆容以及脸部结构的平衡起到极大的作用，所以一定不要忽视它哦。

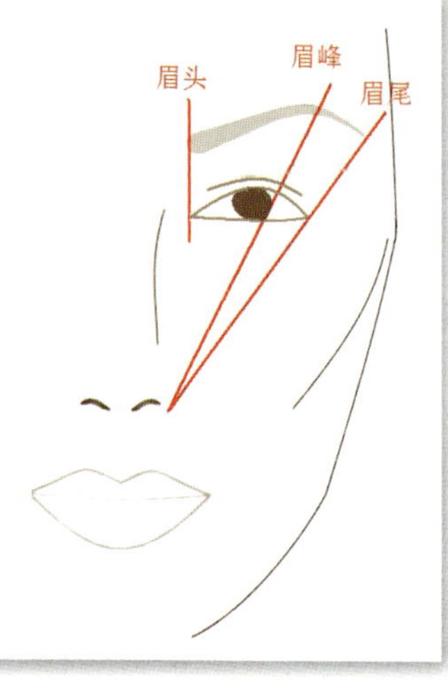

要化出形态优美符合脸部平衡的眉型，首先需要确定眉头、眉峰和眉尾的位置。

眉头一般与内眼角在同一直线上，如果眉毛长得超过了这条线，请把多出来的部分修剪掉。因为两眼眉头距离过近，会产生眉头紧蹙不够明朗的感觉。

眉峰的位置，一般在从鼻翼到眼球外边缘连线延长线上。

眉尾的位置则在从鼻翼到外眼角连线的延长线上。一定不能低于眉头，不然就变成无精打采的八字眉了哦。

画眉工具

1. 螺旋刷

很好用的小工具，可以用来梳理眉毛的毛流，令毛发整齐。在很多彩妆品专柜都提供免费的螺旋刷，不用单独购买。

2. 眉笔

要选择与发色相近的颜色，亚洲女生一般使用棕黑色比较适合，如果染过发，就要根据具体染发颜色来选择。

3. 眉粉

制造自然眉形很重要的产品，用来填满眉毛空隙。

4. 斜角刷

用来蘸取眉粉描画眉形的工具。

5. 染眉膏

给眉毛上色并能帮助眉毛毛流定型。本身眉毛比较浓密并修过眉形的女生，只用一支染眉膏就好。

● 下面请大家跟我一起来画眉吧

1

原始眉毛图

使用螺旋刷将凌乱的眉毛梳理整齐。

2

按照前面的图示方法，确定眉头、眉峰和眉尾的位置，用眉笔在三个点上做上标记。

3

按照之前的三点标记，用眉笔勾勒出基本眉形，眉毛稀疏的人，需要将眉毛轮廓加宽。接着将眉后4/5顺着毛流方向一根根填色，没有眉毛的位置要把颜色补齐。眉头位置空出来，不要用眉笔勾画。另外，确定好眉毛轮廓后，将轮廓线以外的杂毛，用刮刀或者镊子去除，使眉毛更加清爽漂亮。

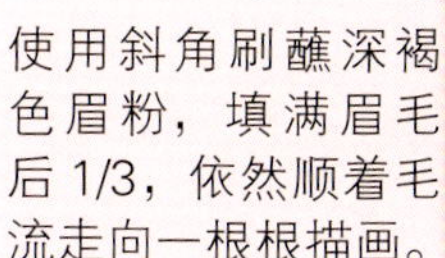

4

使用斜角刷蘸深褐色眉粉，填满眉毛后1/3，依然顺着毛流走向一根根描画。

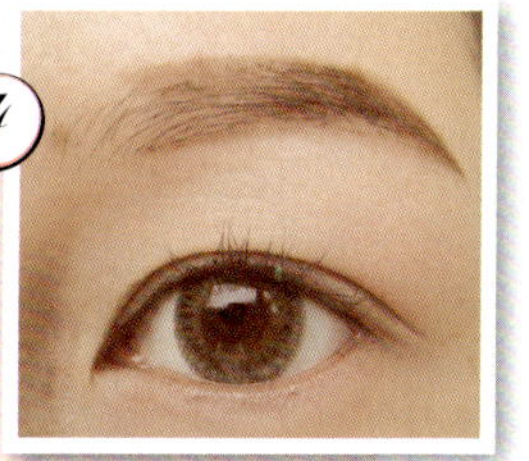

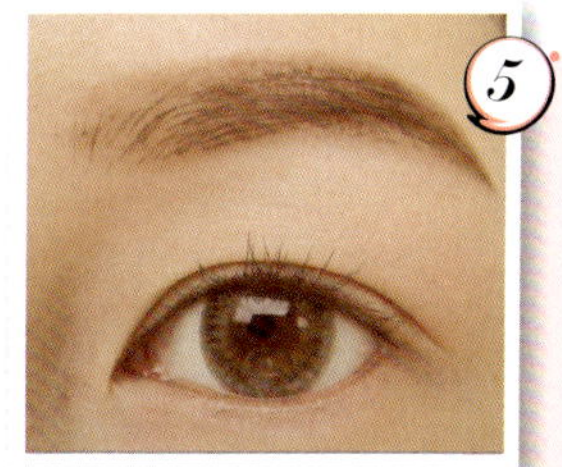

5

使用斜角刷蘸取浅褐色眉粉由眉峰位置向眉头方向填色，越靠近眉头，颜色越浅。眉头的形状不要过于规则有棱角，轻轻用刷子晕染出圆润的弧度。

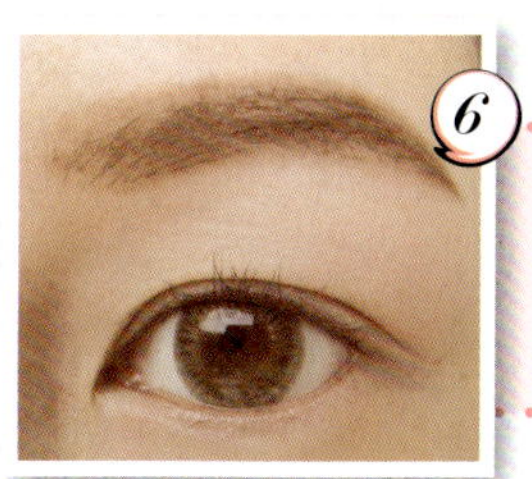

6

用咖啡色或者透明色染眉膏顺着眉毛走向整体刷一遍，令毛流服贴。这一步时间急也可以省掉啦。

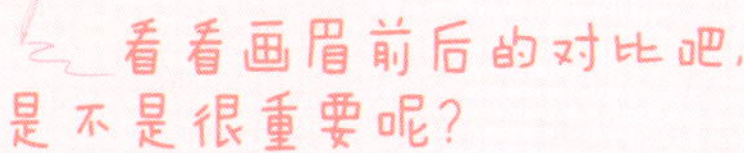

看看画眉前后的对比吧，是不是很重要呢？

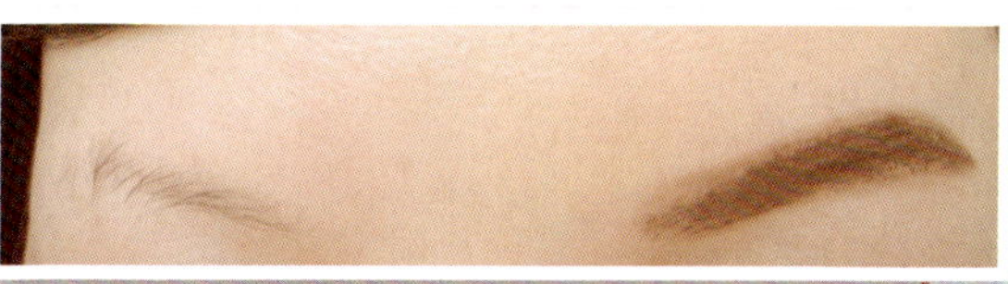

用眼线塑造不同的眼形

在眼妆中，眼线的作用是很重要的，它可以修饰和改变我们的眼形，令眼睛更有神采。它操作起来较为简单，下面跟我一起大胆尝试不同眼线的画法吧，一定会给你带来惊喜的。

市面上的眼线产品，基本可分为眼线笔、眼线液和眼线胶三种。

- 眼线笔是眼线入门的基本产品，容易操作，出错后修正简单，效果比较自然，对线条的细腻度要求较低。不过持久度略差。
- 眼线液是眼线的进阶产品，需要较高的操作技巧一笔成形，初学者很容易化得弯弯曲曲不够流畅。但掌握手法后，可以描绘出清晰而细腻的线条。持久度比眼线笔要强。
- 眼线胶是介于眼线笔和眼线液之间的产品，既具有眼线笔易操作、易上手的优点，又具有眼线液持久防水的特色。线条粗细可以任意控制，需配备一把眼线刷即可。

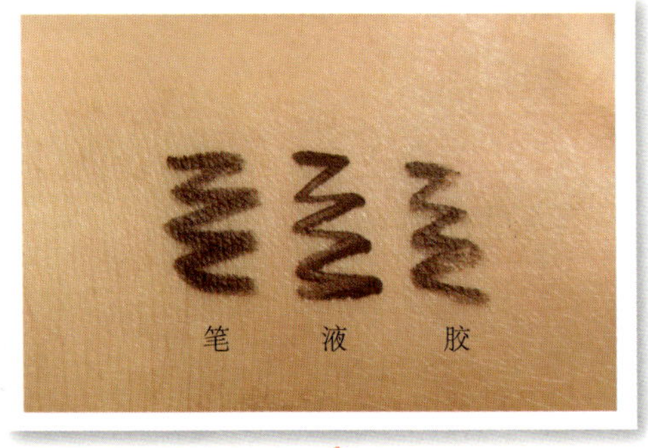

三种产品的上色效果对比

各类眼线的画法

1. 内眼线

这是我每次化眼妆必不可少的一个步骤，虽然只是很小的一个动作，却可以给整个眼妆带来很大的变化哦。

1 没有化过眼线的裸眼，可以看到睫毛间的空隙和睫毛下方的空白，显得睫毛稀疏，眼睛无神。

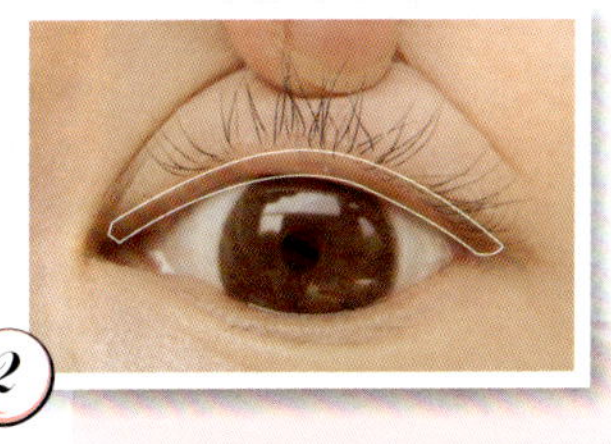

2 内眼线需要将颜色填补在睫毛下方的空白处。如上图所示，用中指轻轻按压眼皮中央的位置，即可露出白线所框出的空白位置。千万不要生硬地掀开眼皮哦，容易造成皮肤松弛。

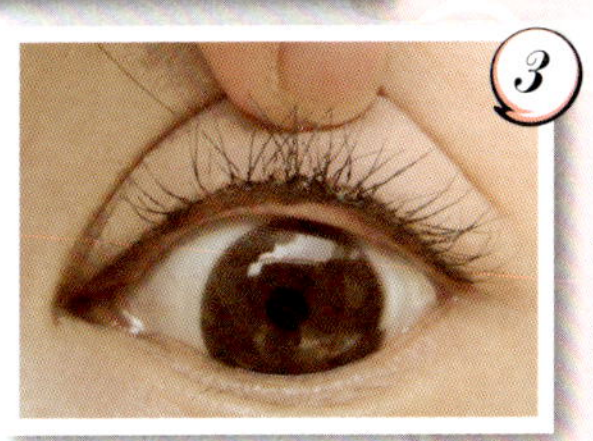

3 使用防水型眼线笔 / 胶将这个区域填满颜色。不建议使用眼线液，因为可能会刺激到脆弱的眼睛。

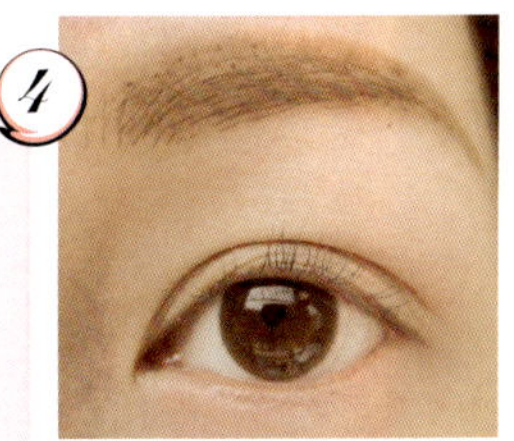
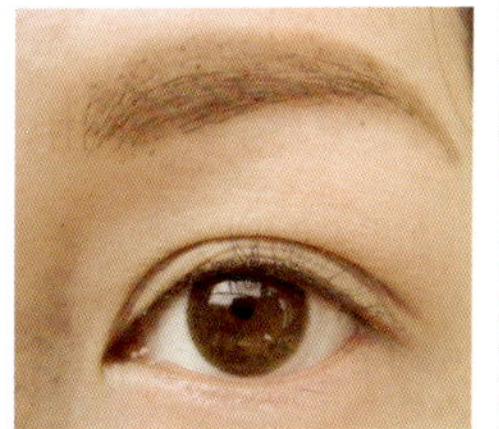

4 化过内眼线后，眼睛是不是有神多了？

内眼线是非常适合内双眼形的一种画法，既可以有效勾勒出眼部轮廓，又不会牺牲掉眼褶宽度。如果赶时间，只要描上内眼线，刷刷睫毛膏，眼睛就马上有神了。

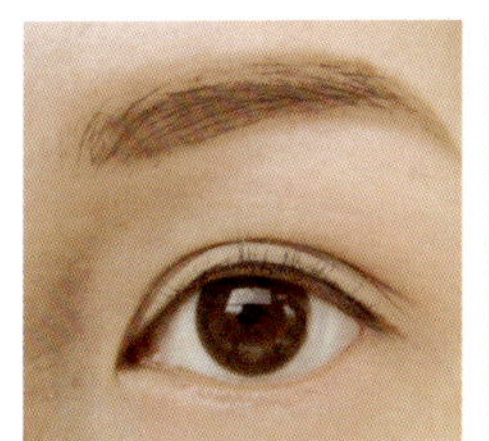

外眼线

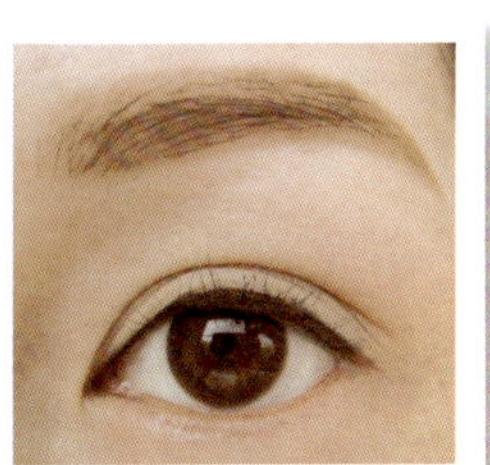

内眼线 + 外眼线

左图是仅化了常规外眼线，没有添加内眼线的效果，可以看到黑色的眼线下方出现了一条尴尬的白线，不太好看。而右图用内眼线填满了睫毛根部和下方的白色区域，马上就顺眼多咯，眼睛的轮廓也更加完整。

因为内眼线描画的位置靠近内膜，所以卸妆时一定要彻底，除了用蘸取了卸妆液的棉片擦拭外，还可以用棉花棒进一步清洗，保持眼睛的健康很重要哦。

2. 基础眼线

就是不改变本身眼睛形状，仅加强轮廓的简单眼线。

1

化眼线时，为了方便将颜色描绘到尽量靠近睫毛根部的位置，可以轻轻用中指按压外眼角处的皮肤。

2

为了方便控制线条流畅度，可以先从眼中描画到眼尾，再回到眼中，由眼中向前描画至眼头。眼尾只需顺着眼睛轮廓线描画到最后一根睫毛的生长处，无须拉长或变形。

前后对比

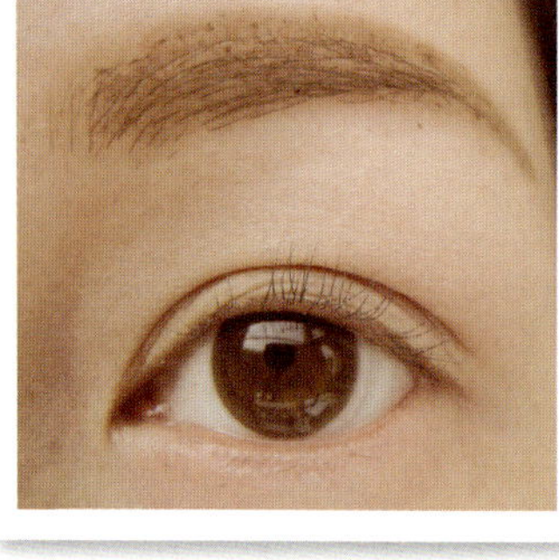

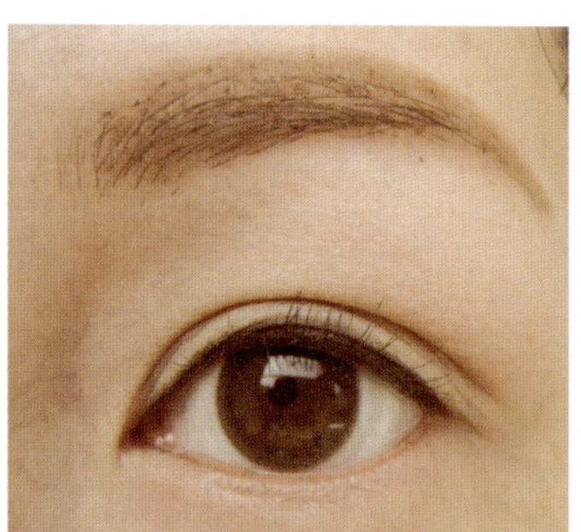

3. 标准眼线

就是眼线在眼尾处既不上扬也不下垂，直接水平平拉即可。它可以自然拉长眼形，是比较日常的一种画法。

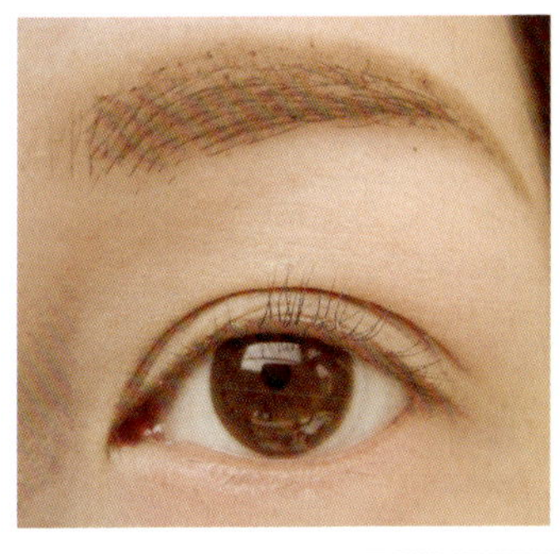

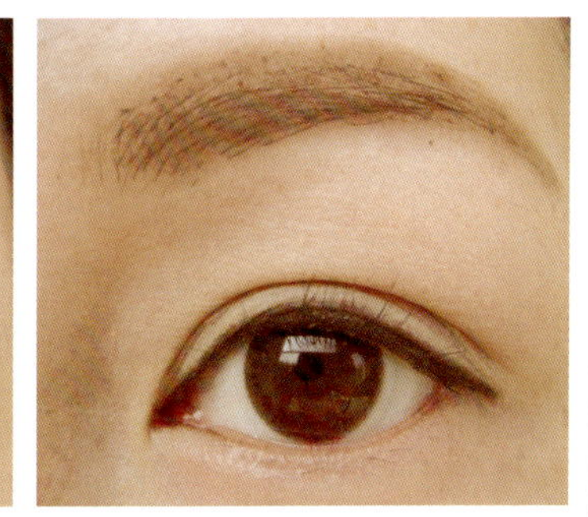

4. 上扬眼线

就是在眼尾处，将线条轻微向上提起一个弧度，可以改善眼角下垂没有精神的眼形。但是本身眼角上翘的人，请尽量避免这种画法，因为过于上扬的外眼角，会给人凌厉不易接近的印象。

前后对比

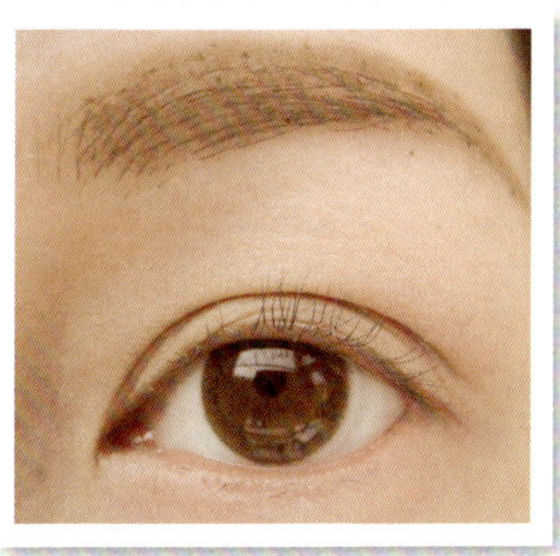

是不是眼神变得妩媚了呢？

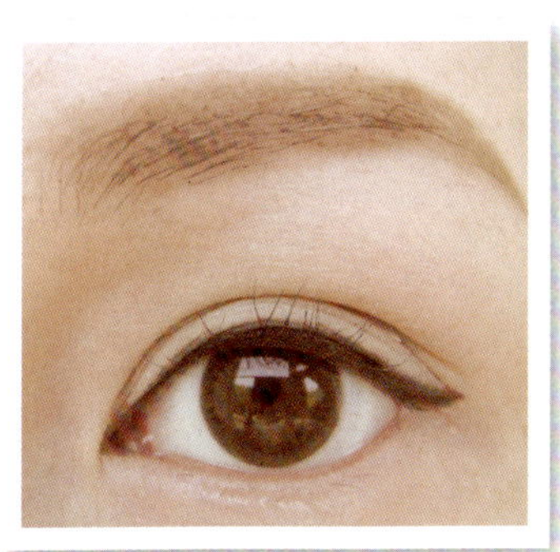

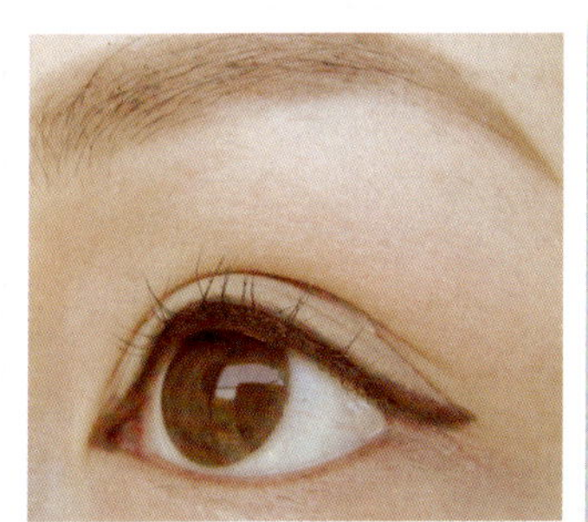

5. 自然下眼线

很多女生对化下眼线有一种本能的恐惧感，总觉得下眼线就意味着妆感重或者显脏。其实下眼线对于放大眼睛、清晰眼睛轮廓是很有用的。如果怕妆感重，可以只从眼尾向前细细描绘 1/3 眼长的细腻线条，线条结束处用棉棒轻轻推匀，自然消失即可。在眼尾处，下眼线要和上眼线衔接，形成一个清晰干净的小尖尖。

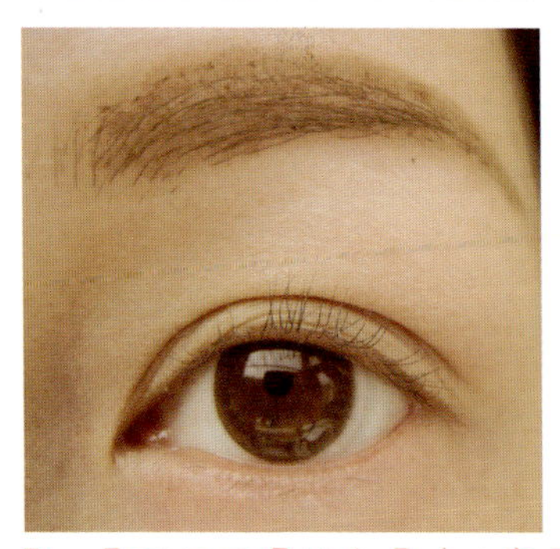

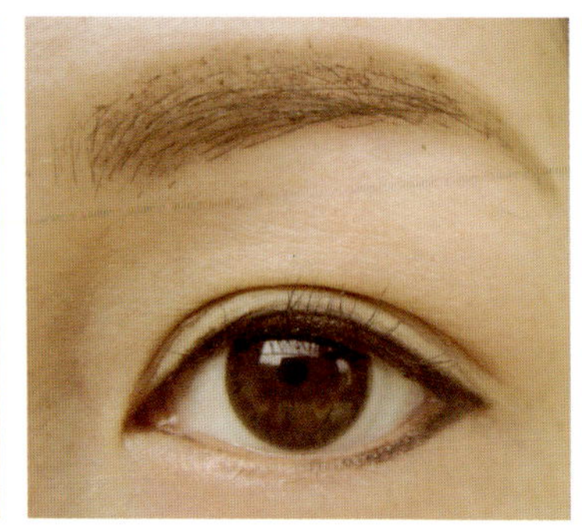

是不是画了下眼线令眼睛轮廓更清晰呢?

前后对比

6. 拉长型眼线

就是在标准眼线 + 自然下眼线的基础上，在眼尾处水平向外拉伸上下眼线，使眼睛轮廓变长，眼神更妩媚。

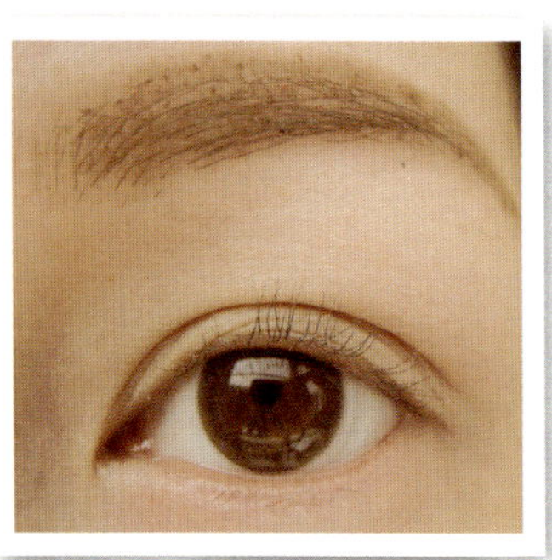

是不是眼睛长了快一半?

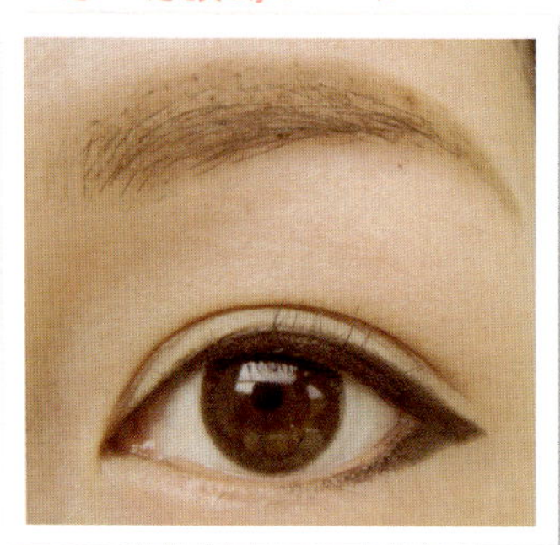

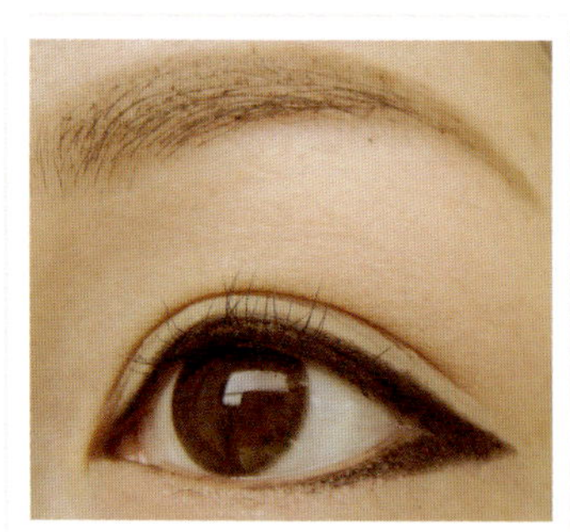

7. 下垂眼线

微微下垂好似小狗般的无辜眼神，可以让你更易接近，是约会妆的好选择。

1

顺眼形描画上眼线，在眼尾处，眼睛向上看，顺着眼睛的轮廓走向，向下拉出一条延长线。拉出越多，下垂感就越明显。

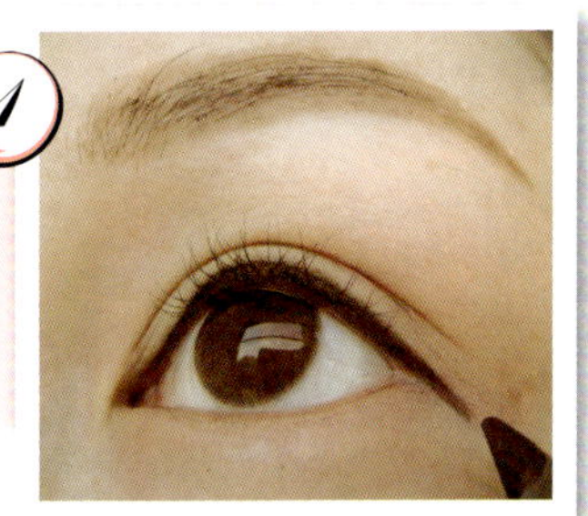

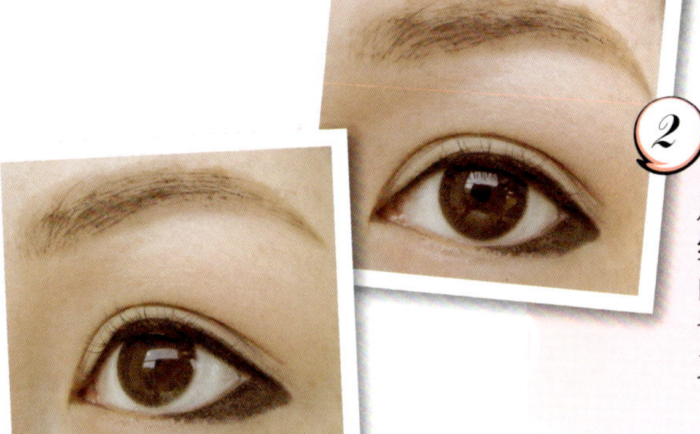

2

从上眼线的尾端向下眼中倒钩下眼线，眼尾处加粗加宽，制造一个圆弧，向眼中逐渐变细。下眼影的阴影效果也可以将眼形向下拉，使眼睛看起来又垂又圆。

前后对比

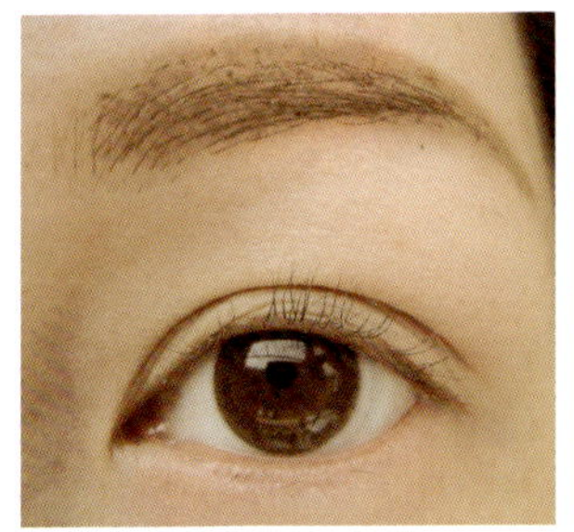

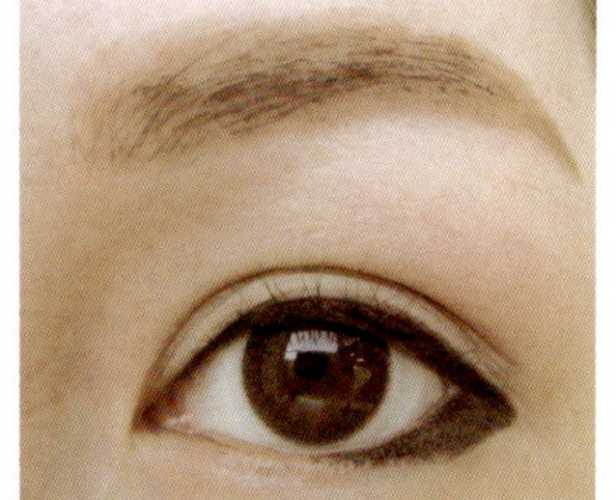

是不是垂垂的让人觉得很无辜？

8. 假眼头

亚洲女生多数内眼角是封闭式或者半开放式，即所谓的内眦眼角，有时为了塑造欧洲人般的大开放式尖尖眼角，可以化假眼头来人工开眼角。不必受整形之苦，你也可以拥有尖尖的漂亮眼角咯。不过请注意，如果你的两眼间距较小，请尽量避免假眼头画法，因为它会拉近眼间距。这种画法适合眼距较大或适中的人。

1 用削尖的眼线笔或者眼线液，顺着已经描画好的常规眼线在内眼角上下眼线处，继续向内拉出一个小小的尖角。

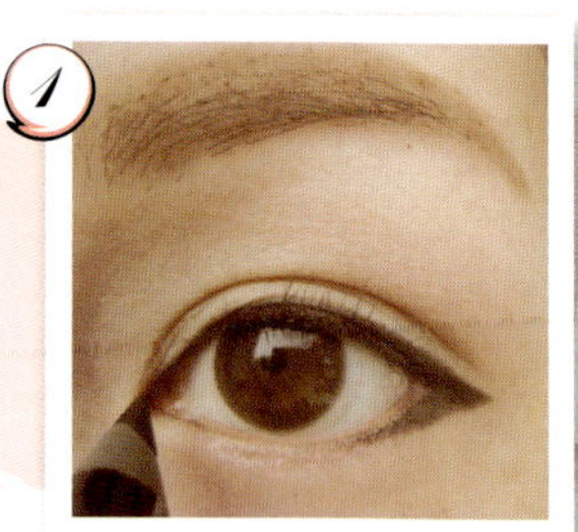

此时尖尖的内眼角就已初见雏形

2 用中指轻压内眼角处，将内眼角完全暴露出来。

3 用眼线笔将内眼角三角形空白处完全填满。

4 这样开眼角的小工程就完成啦。

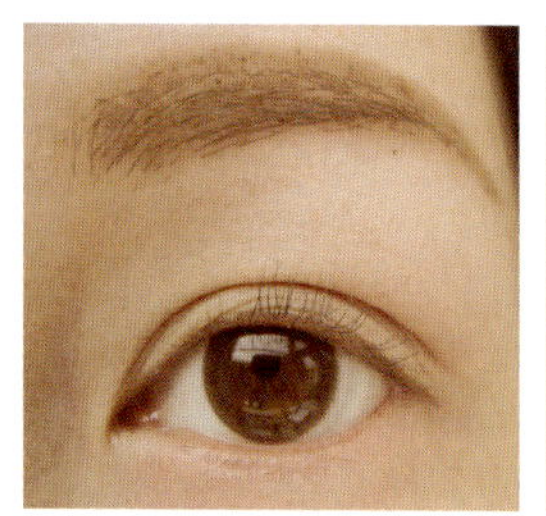

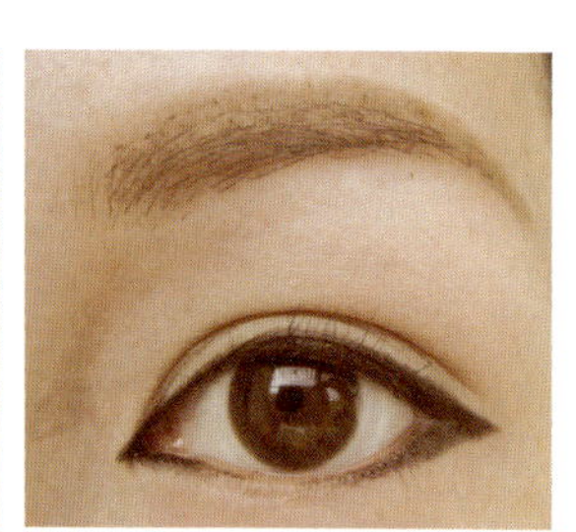

眼睛是不是更有型了呢？

前后对比

9. 圆眼眼线

长眼显得妩媚，而圆眼则显得可爱清纯。

圆眼眼线的要点就是在上下眼线的眼中位置加粗，而两侧线条渐细，眼尾不拉长，只化到最后一根睫毛的生长处，从而保持眼睛长度，增加眼睛高度，达到令眼睛变圆的效果。

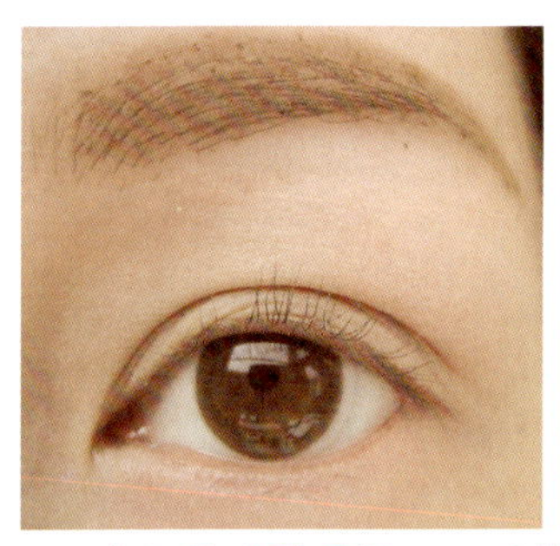

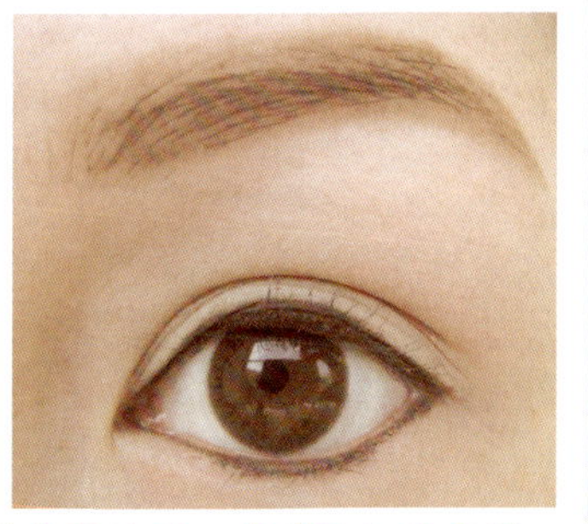

前后对比

我本身就是偏圆眼形，化过圆眼眼线后，眼睛更加溜溜圆了

10. 烟熏眼线

就是带有哥特式风格的深色烟熏感眼线，选用笔芯较软的黑色眼线笔，将上下眼线全部框起来并加粗，之后用棉棒将颜色略推匀即可。

PS 单眼皮女生很适合化这类粗眼线，比内双 / 外双眼形的妆感会轻一些，又能有效放大眼睛。

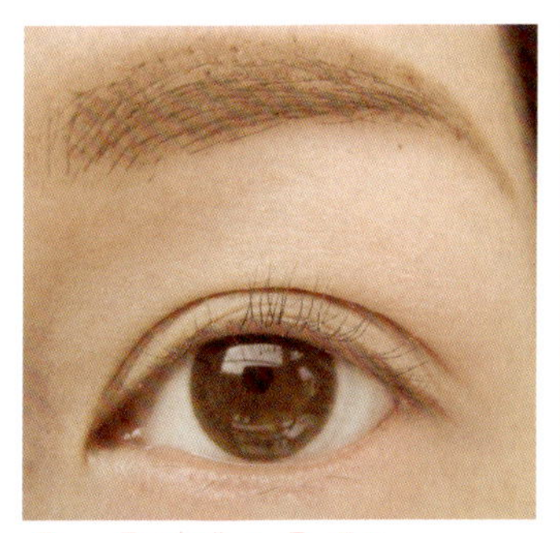

是不是酷感十足呢？

怎样贴出自然、无痕的假睫毛

假睫毛可谓是眼妆利器，可以非常有效地增强眼妆效果。特别是对像我这种睫毛稀疏的爱美人士来说，假睫毛简直就是天赐的救星啊。学会佩戴假睫毛，绝对会为你的眼妆提升一大步。

刚开始戴假睫毛的时候，经常会出现离睫毛根部过远、假睫毛线条不流畅、眼头眼尾老翘起来的问题，让人对假睫毛真是又爱又恨。其实，只要掌握了正确的假睫毛佩戴方法，再加上锲而不舍的练习，成为假睫毛达人便不是梦咯。

■ 贴假睫毛所需工具

1. 假睫毛
2. 睫毛胶水
3. 棉花棒
4. 小剪刀
5. 宽口镊子

一．上睫毛的佩戴

1

将睫毛夹翘，薄薄刷一层睫毛膏定型，为佩戴假睫毛做准备，可防止真假睫毛分层的尴尬现象。

2

用宽头镊子夹取假睫毛放置于自己睫毛上方，比量一下长度。注意，假睫毛要在眼头空出 2~3mm，以免眨眼时有刺痛感。

3

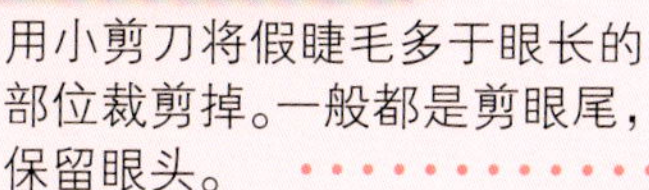

用小剪刀将假睫毛多于眼长的部位裁剪掉。一般都是剪眼尾，保留眼头。

4

挤出适量胶水于手背。可不要贪多哦。

5

用棉花棒蘸取胶水均匀地涂在假睫毛梗上。

6

用手指捏住假睫毛两端来回弯一弯，令假睫毛的弧度符合眼睛弧度。

7

待假睫毛梗上的胶水呈半透明状时，用宽口镊子夹取假睫毛送至睫毛上方靠近根部的位置。我习惯先固定眼睛中央。

8

用镊子固定眼头和眼尾，使假睫毛梗与真睫毛根部紧密地结合在一起。

9

将食指弯曲轻轻向上托一下假睫毛，使它的弧度更优美，从各个角度看都很漂亮。

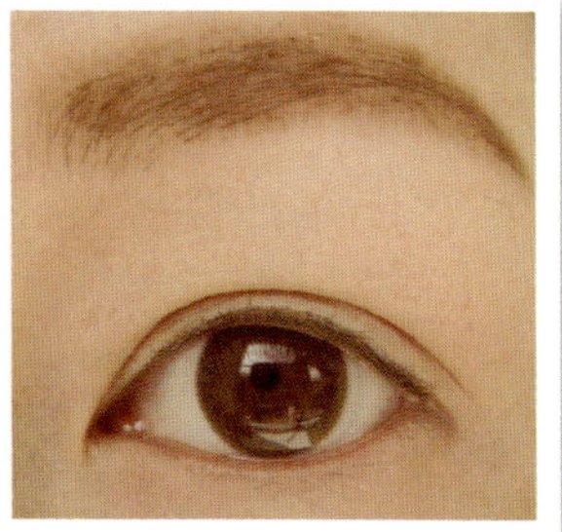

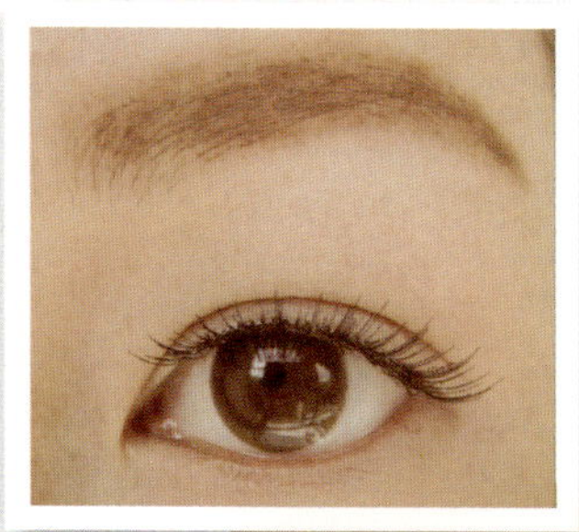

前后对比

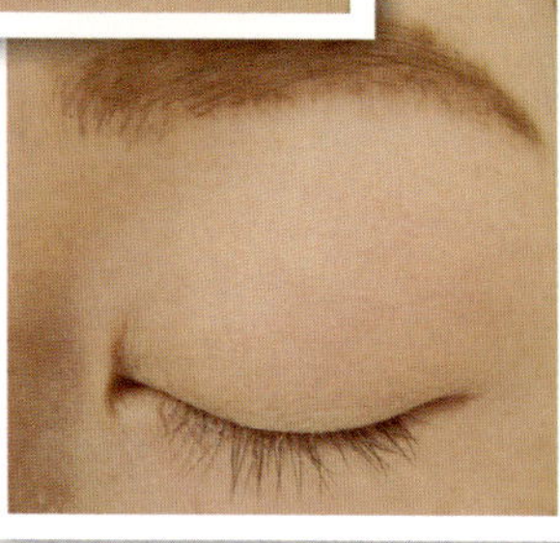

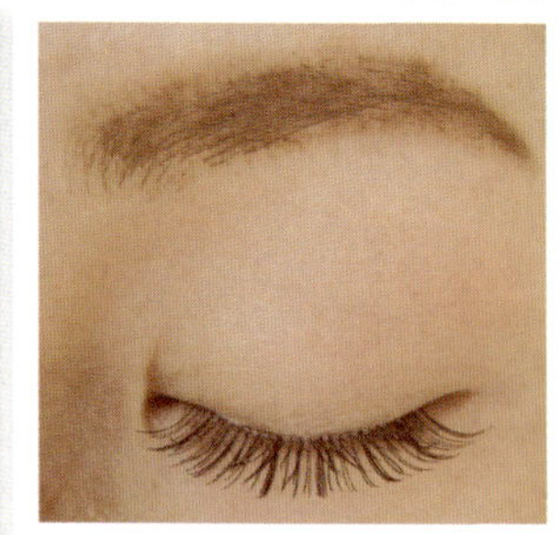

即使没有加入眼影眼线的修饰，光是一副小小的假睫毛，就令眼睛富有神采了。

二. 下睫毛的佩戴

选择类似天然睫毛的短款下假睫毛.

台湾透明梗下睫毛

1

根据眼长，用剪刀截掉多余部分。下睫毛只需贴 2/3 眼长，全部贴满会不自然。
用剪刀将整条下睫毛分成 3~4 段。

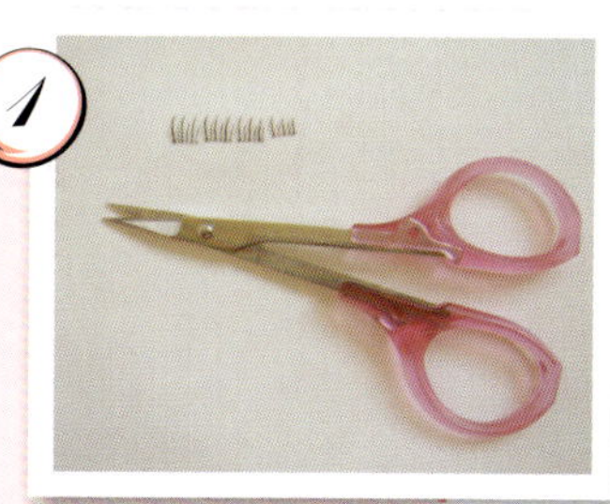

一段

两段

三段

完成!

从眼尾到眼头分段将假睫毛贴在下睫毛根部外侧。

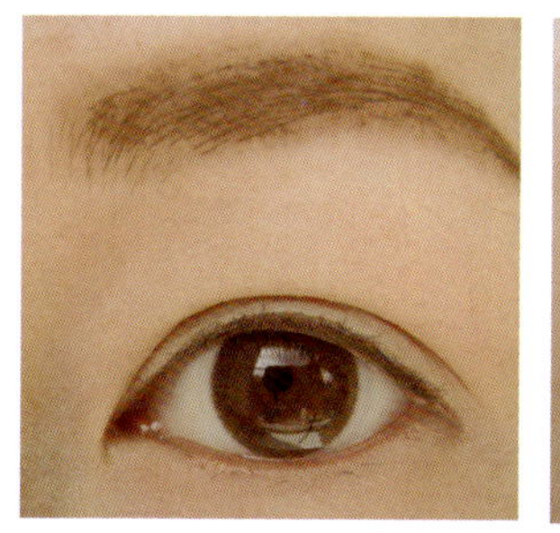

前后对比

加上下睫毛后，整个眼形更加完整、漂亮.

三．假睫毛叠加法

有时，一副假睫毛无法满足我们的要求，可以通过叠加两副甚至更多副假睫毛来达到想要的效果。这里我只介绍两副假睫毛叠加的方法，如果要更多副地叠加，以此类推即可。

在具体操作时，假睫毛的粘贴手法与前面介绍过的基本技巧是一样的。在第一副假睫毛牢牢地贴在睫毛根部后，可以在假睫毛上叠加更多的假睫毛。注意叠加睫毛时，要尽量将几副睫毛的根部贴紧，不要留空隙，贴得越紧密，效果越自然。

1. 基本款假睫毛 + 半眼长局部加强型假睫毛

叠加前后对比

A　Ardell #108 假睫毛

B　Ardell #301 假睫毛

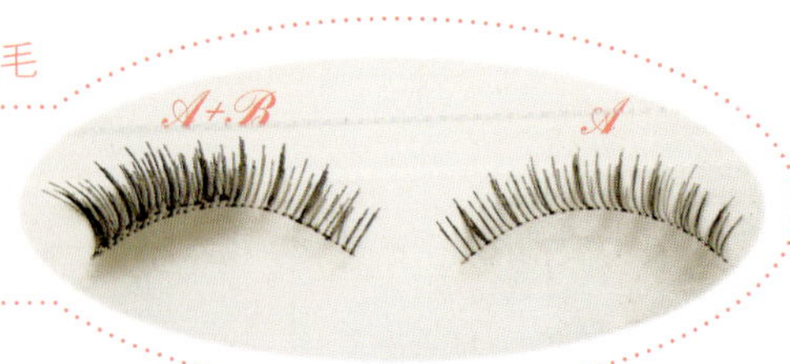

2. 基本款假睫毛 + 任意款全眼长假睫毛

叠加前后对比

A　Ardell #108 假睫毛

C　Ardell #Babies 假睫毛

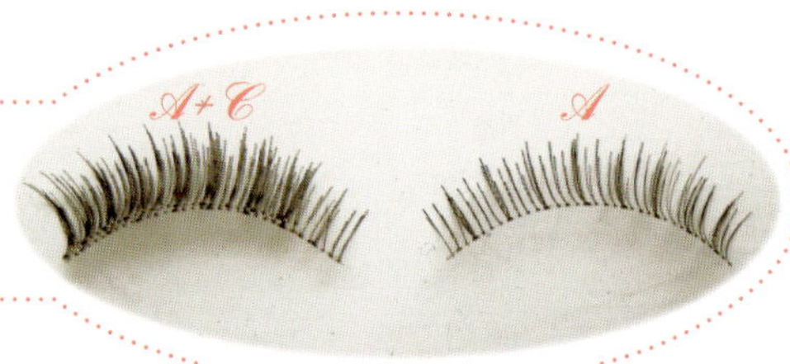

四．假睫毛的卸除方法

先用棉棒蘸取少量眼部卸妆液点在假睫毛根部，浸润 30 秒左右。
用手指捏住外眼角处的假睫毛，轻轻向眼头方向撕。

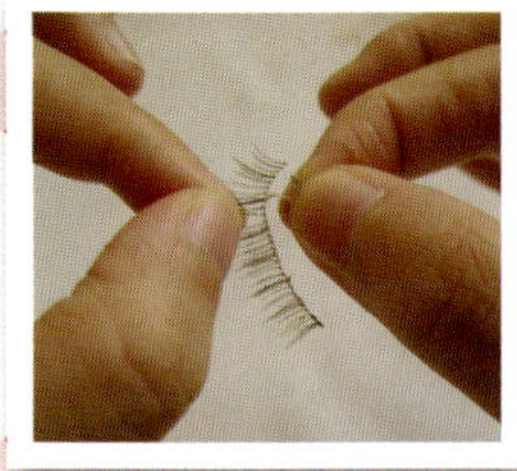

卸下来的假睫毛尽量不要碰水，直接用指甲将残留胶水撕下来即可。沾水后的假睫毛容易变形，影响使用寿命。一般只要保养得当，一副假睫毛可以反复使用 10 次以上。

眼妆工具大集合

俗话说，工欲立其事，必先利其器。顺手的工具，也是化好眼妆的重要条件。这里介绍一下我平时常用的眼妆工具。其实，只要掌握了技巧，手指和眼影盘中自带的眼影棒也是既省钱又省事的好工具。

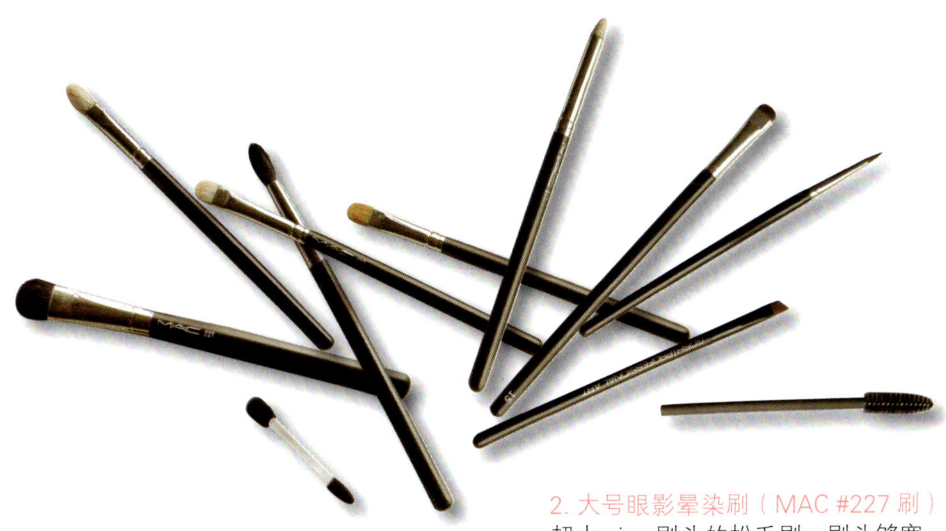

1. 海绵棒

最基础的眼影上色工具。对于使用刷子下手没有准头的新手而言，海绵棒更容易控制上色范围和力度。选择有宽细两种尺寸刷头的海绵棒，既可以大面积上色匀色，也可以关照眼线眼角的细节。这个工具很适合用来涂抹像日系眼影这种显色度不是很高的产品。

2. 大号眼影晕染刷（MAC #227 刷）

超大 size 刷头的松毛刷。刷头够宽，刷毛有力度，适合用来大面积上眼影底色或者晕染深浅色之间的边界。

3. 松头眼影刷（MAC #217 刷）

刷毛较长、扎得较松的刷子，可以用来上色、打高光或者晕染边界，实用度很高。

4. 圆头眼影刷（MAC #224 刷）

刷头呈圆锥形的松软长毛刷。适合用来上色、晕染边界、打高光，对于喜欢化假眼窝线的MM，这可是必不可少的工具。可以很自然地化出若有似无的眼窝线。用来上底色很清透自然，是一把实用度很高的刷具。

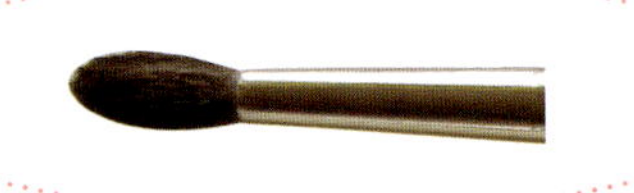

5. 扁头眼影刷（MAC #239 刷）

刷毛较短、比较有力度的刷子。适合用来以按压手法上色，颜色上的比松头刷来得饱和，一般需要在后面用松头刷晕染边缘。

6. 合成毛扁头眼影刷（MAC #242 刷）

刷头薄、扁的合成毛刷具。适合用来上霜状眼影，可以涂得又薄又匀；也可以用来上粉质较松、容易飞粉的粉状眼影，可以减少飞粉掉渣的现象。此外还可以作遮瑕刷。

7. 尖头眼影刷（MAC #219 刷）

短毛尖头眼影刷。因为刷头小巧，刷毛有力，很适合用来处理眼角、眼头等细小位置，还可用来晕染眼线，是必不可少的眼妆工具。

8. 烟熏晕染刷（NARS #15 Smudge 刷）

刷毛很短但扎得非常紧实的刷子。化烟熏妆的必备，可以轻松地将重色眼线晕染开来，制造迷蒙的烟熏效果。用来处理日常下眼线也非常顺手。

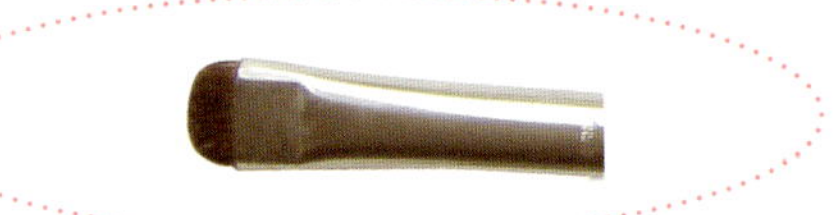

9. 斜角刷（GOSH 斜角刷）

合成毛斜角刷。可用来蘸取眼线胶或眼影化眼线，也可用来化眉毛。

10. 眼线刷（MAC #209 刷）

细细的类似毛笔头的眼线刷。刷头精细，非常适合用来蘸取眼线胶描画精致眼线。由于刷毛柔软，用来化内眼线也很适合，不会刺激到脆弱的眼睛。

11. 螺旋刷

可用来梳理眉毛毛流，或者刷睫毛膏。一般化妆品柜台都免费提供，不需要专门购买咯。

CHAPTER 2

妆容详解

Zhuang Rong Xiang Jie

韩式 OL 裸妆

韩式简约风格的淡雅裸妆，避开一切明显色彩，通过干净底妆、肤色眼影，以及细线条的黑色眼线，塑造自然清新的 OL 形象。画法非常简单，刚刚入门的彩妆新手也可以轻松地跟着化哦。

眼妆用品
yanzhuangyongpin

Ruby & Millie 眉粉
GOSH 四色眼影盘
Sleek 黑色眼线胶
Prestige Total Intensity 棕色眼线笔
17 棕色眉笔

公主李交叉 7 假睫毛

海绵棒
MAC #209 眼线刷

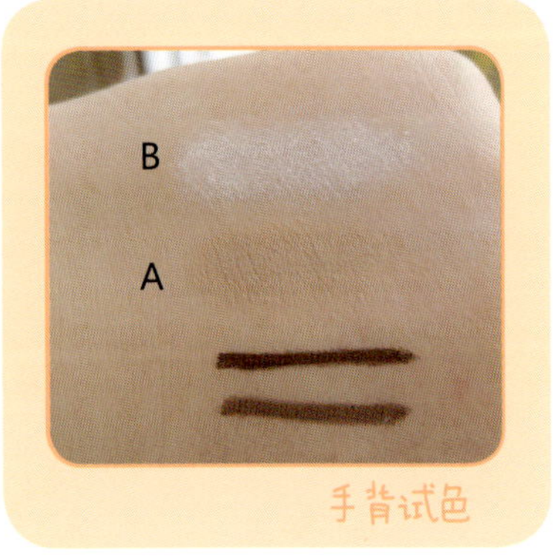

手背试色

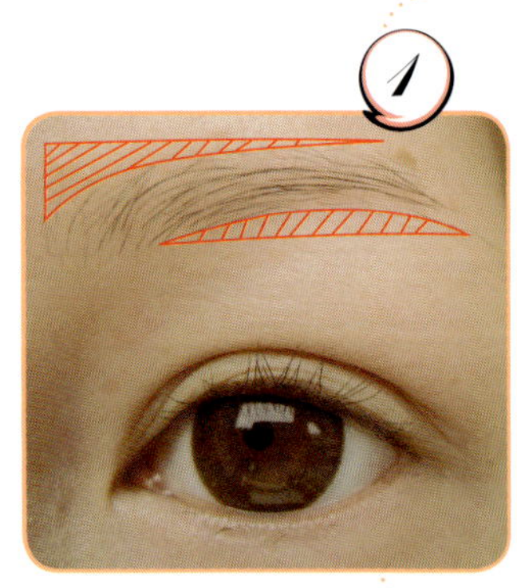

美瞳为 NEO 巨目棕

用棕色眼线笔勾画出内眼线。我的眉毛很稀疏，为了制造韩式风格的自然粗平眉，先用眉笔将红色区域填满，使眉毛轮廓变得丰满，之后用眉粉填满眉毛的空隙。

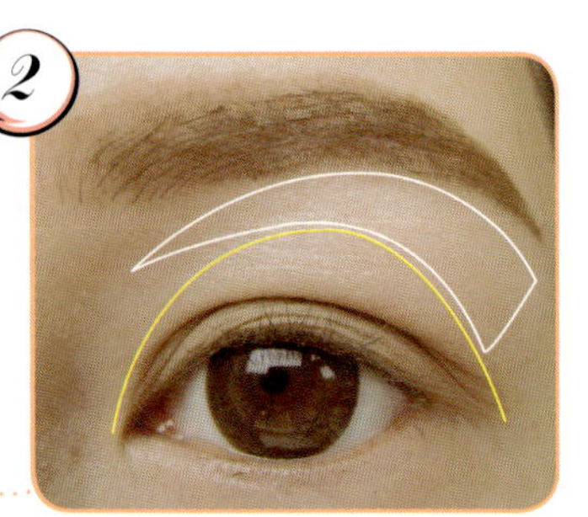

用宽头海绵棒蘸取 A 亚光棕色涂满眼窝范围，再蘸取 B 米肤色打亮眉骨，不露痕迹地为眼部增加立体感。

用眼线刷蘸取黑色眼线胶紧贴睫毛根部画一条上眼线，眼尾略加粗，不要上扬或下垂，只需沿着眼型描绘，在眼尾处平拉 2~3mm。

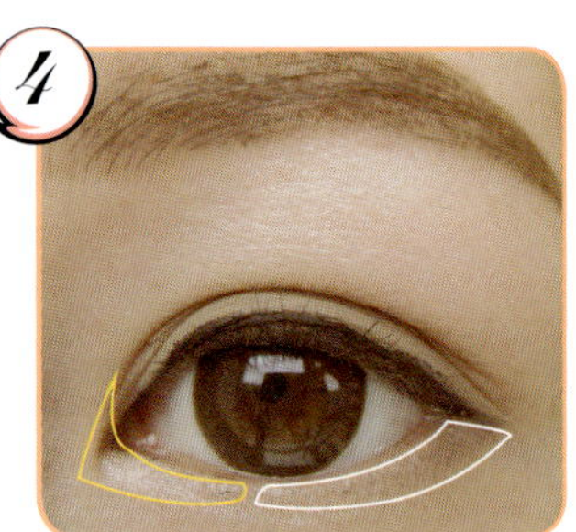

用细头海绵棒蘸取 B 米肤色打亮下眼头，再蘸取 A 亚光棕色描画后半部分的下眼影，富有心机地放大眼睛。

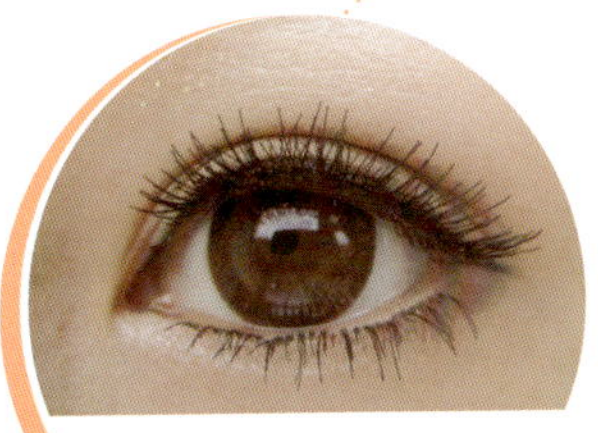

最后刷上睫毛膏就可以了。我这次选用交叉型眼尾加长款自然浓密假睫毛，令眼睛看起来更大更深邃。

为了配合清新裸妆风格，唇部选择水润质地的裸粉色。先用裸粉色唇膏打底，之后叠加水润感肉粉色唇膏，制造介于唇膏和唇彩之间的自然透亮的粉润唇色。

美宝莲裸色唇膏 #721
No.7 水润唇膏 #05

NARS 腮红 Lovejoy
Max Factor 修容粉条

配合自然裸妆的效果，选择略带修容感的咖啡玫瑰色腮红，修饰脸型之余又能提升自然气色。

替代用品

tidaiyongpin

Missha 璀璨金典眼影 03

Lunasol 日月晶彩
光透美肌眼影 01

韩式 OL 裸妆

完妆图

灰色气质眼妆

灰色一直是我最喜欢的眼妆颜色之一，充满气质感，干净而低调，是很日常的眼影色。这是一个很简单的纵向搭配的灰色眼妆，很适合对眼影晕染技巧没有信心的眼妆新手。

兰蔻单色眼影 Erika F
MAC 矿物眼影 Hot Contrast
Lunasol 日月晶彩 光透美肌眼影 01
MAC 黑色猫眼眼线液
Benefit Eye Bright 打亮笔

Ardell#110 假睫毛
Ardell#301 假睫毛

海绵棒

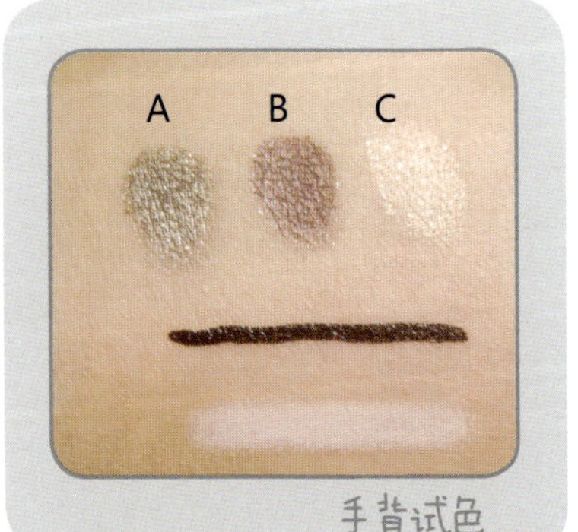

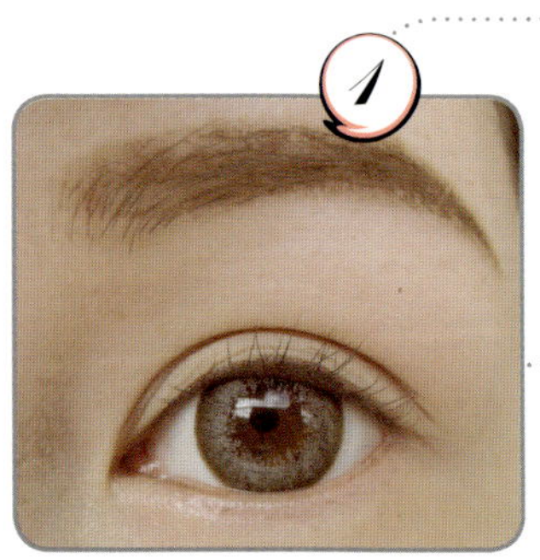

1

美瞳为 NEO 巨目灰

首先从打好底、化好咖啡色内眼线的眼睛开始。

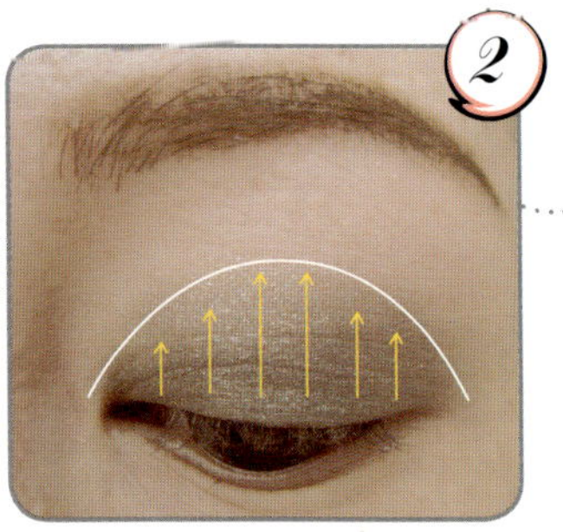

2

用宽头海绵棒蘸取 A 银灰色擦满眼窝范围，从睫毛根部向上推哦。

3

用细头海绵棒蘸取 B 紫灰色擦满眼褶范围。

PS 单眼皮以睁眼能看到眼影颜色为准，自行斟酌范围。

然后蘸取 A 银灰色在 B 紫灰色外边缘左右来回扫匀，消除两个颜色之间的明显边界。

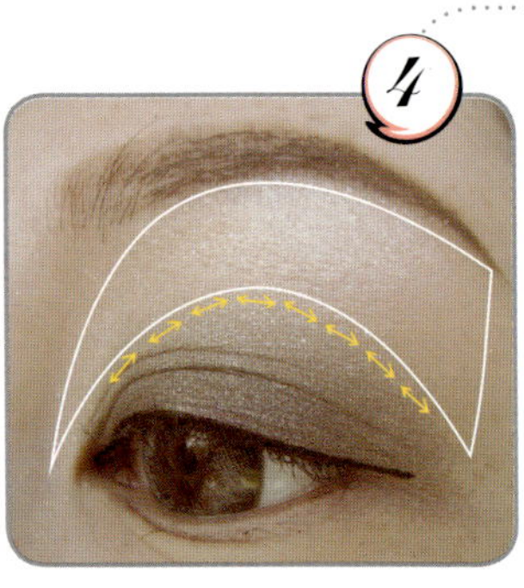

4

用宽头海绵棒蘸取 C 闪亮米肤色打亮眉骨，并在眼窝线位置即A银灰色的外边缘左右扫动，消除深浅色之间的界限。

使用黑色眼线液描画一条细致的上眼线，眼尾处水平拉长。

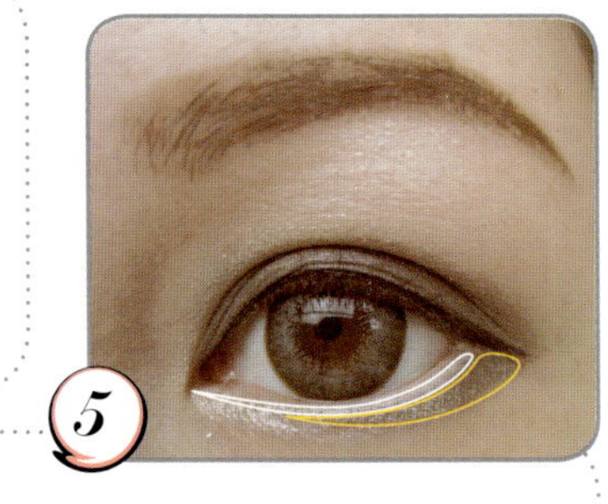

5

用粉白色眼部打亮笔涂满下眼线内膜，使眼睛范围变大。用细头海绵棒蘸取 A 银灰色化下眼线后 2/3，再蘸取 C 闪亮米肤色打亮眼头，并与灰色下眼线自然过渡。

完成

如果是上班族 MM，直接刷上睫毛膏就可以光鲜地出门了。我选择了透明梗自然发散状假睫毛和眼尾加强半截型假睫毛叠加，增加眼神感。

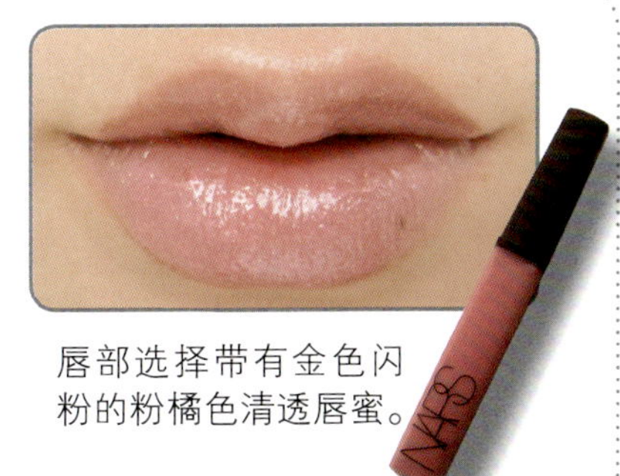

唇部选择带有金色闪粉的粉橘色清透唇蜜。

NARS 唇彩 Super Orgasm

NARS 腮红 Super Orgasm
NARS 腮红 Zen

先用修容腮红在颧骨下方打造自然阴影，然后用粉橘色腮红提升气色。在腮红与阴影的交界处柔和过渡。

替代用品
tidaiyongpin

Dior 五色眼影 #008

Za 绝色心动眼影（银灰色）

灰色气质眼妆
完妆图

腮红为主的长眼妆

一个具有平衡美的妆容，需要把握好眼、颊、唇三处的比例，一般突出一处即可。这是一个以腮红为主角的妆容，搭配拉长眼形的眼妆，营造富有气色的健康感。

眼妆用品
yanzhuangyongpin

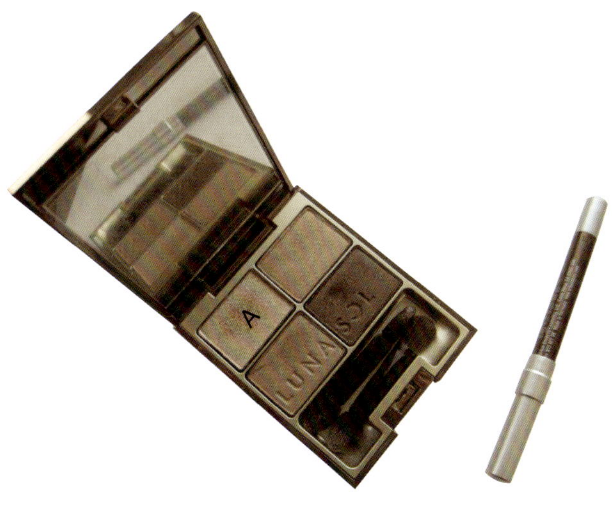

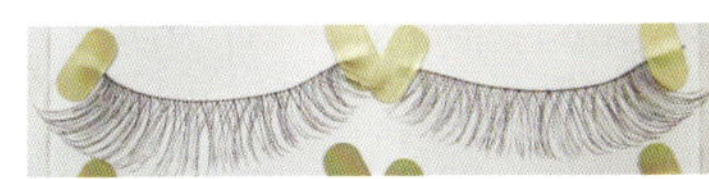

Lunasol 日月晶彩 光透美肌眼影 01
Urban Decay 眼线笔 Bourbon
PX-7 假睫毛

海绵棒

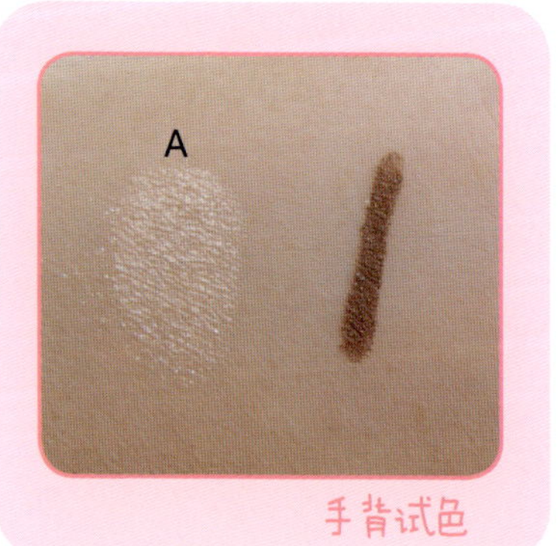

手背试色

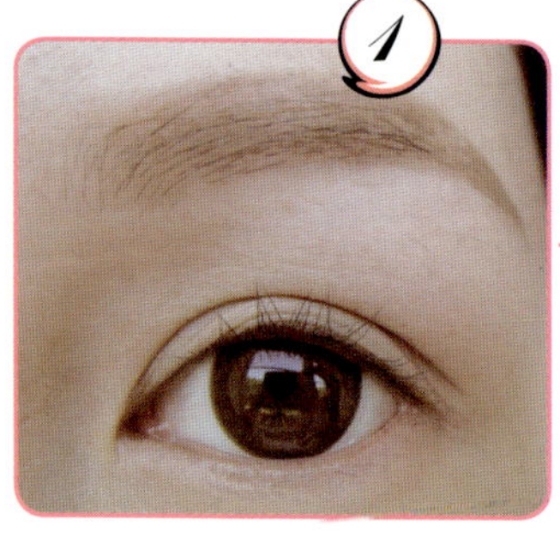

1

美瞳为 NEO 巨目棕

首先从打好底、化上咖啡色内眼线的眼睛开始。

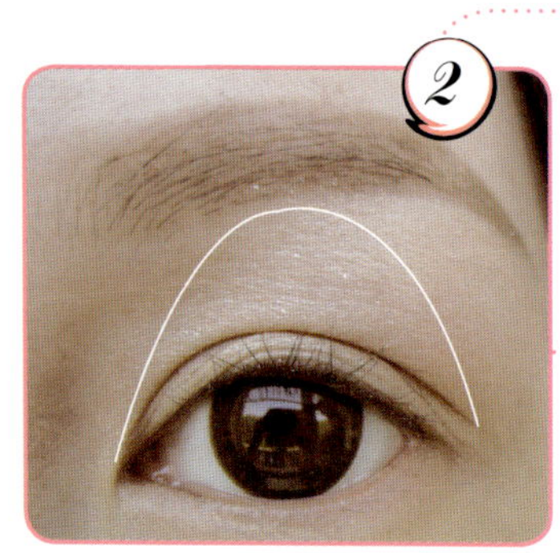

2

用宽头海绵棒蘸取 A 闪亮米色涂满上眼皮，范围从睫毛根部一直延伸到眉骨，眉骨处多擦一层。

3

用金棕色眼线笔分别从上下眼线的中央开始，向外眼角描画拉长型的眼线，眼尾处延长 4~5mm。

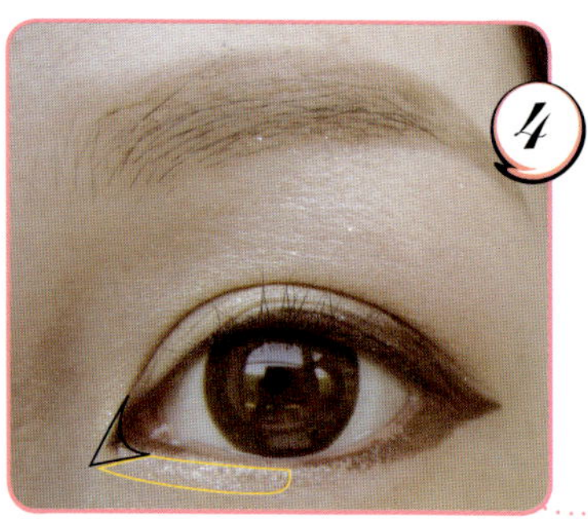

4

用金棕色眼线笔在内眼角处描画一个小小的假眼头，然后用细头海绵棒蘸取 A 闪亮米色打亮下眼线中央及内眼角。

完成

选择卷翘纤长型假睫毛可以增强长眼效果。

唇部选择自然元气感的橘色系。先在整个唇部涂一层金桔色唇蜜，之后在唇中央叠擦少量水红色唇蜜增加气色和立体感。

NARS 唇蜜 Sunset Strip
NARS 唇蜜 Babe

Max Factor 修容粉条
NARS 腮红 Taj Mahal

既然腮红作主角，那么腮红可以刷得稍微重一点哦。我这里用的是焦糖橘色带金闪的腮红。

替代用品 tidaiyongpin

MAC 魅可持久防水眼线笔
Stubborn Brown 棕色

夜巴黎烘焙腮红 #33

腮红为主的长眼妆

完妆图

无妖气的蓝色眼妆

很多人喜爱蓝色，却又害怕蓝色眼影会显得妖艳不够自然。其实蓝色是非常适合亚洲人的颜色，能够突出我们黑棕色的眼珠。这里介绍用蓝色搭配金棕色从而消除妖艳感的妆容。

NARS 单色眼影 Heart Of Glass
NARS 彩妆盘 Touch Of Evil
Coffret D' or 金炫光灿 星璨立体眼影 05
Urban Decay 金棕色眼线笔 Bourbon
台湾自然交叉 3 假睫毛

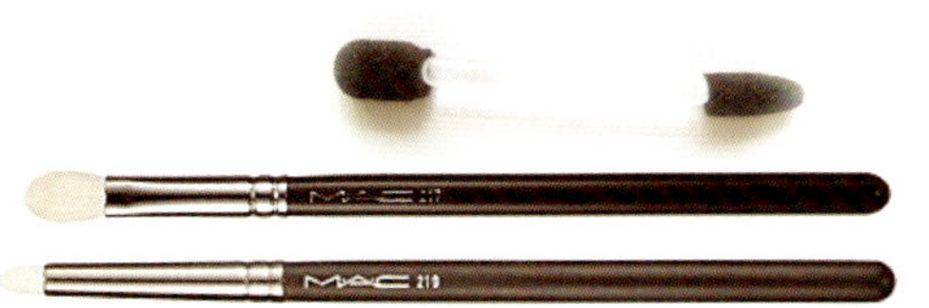

海绵棒
MAC #217 松头眼影刷
MAC #219 尖头眼影刷

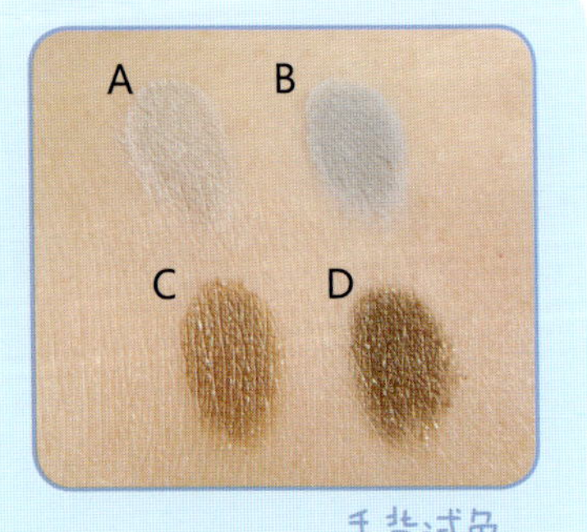

手背试色

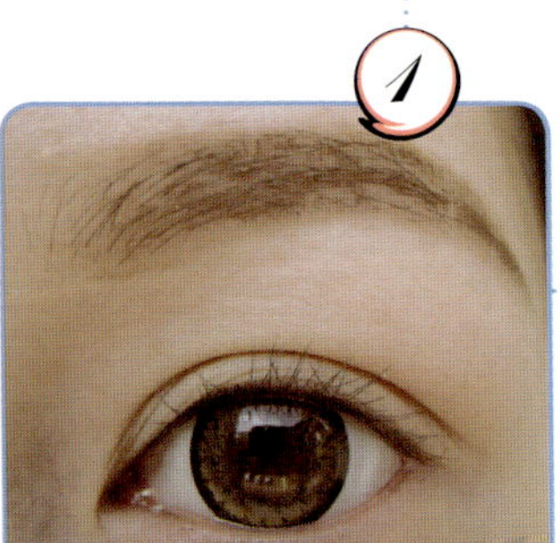

美瞳为绚眸自然棕

首先从打过底、化好咖啡色内眼线的眼睛开始。

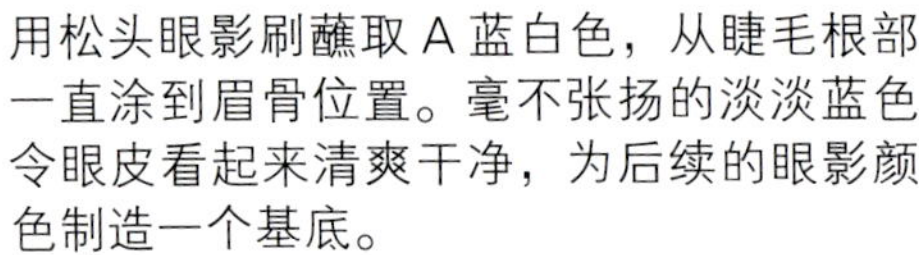

用松头眼影刷蘸取 A 蓝白色，从睫毛根部一直涂到眉骨位置。毫不张扬的淡淡蓝色令眼皮看起来清爽干净，为后续的眼影颜色制造一个基底。

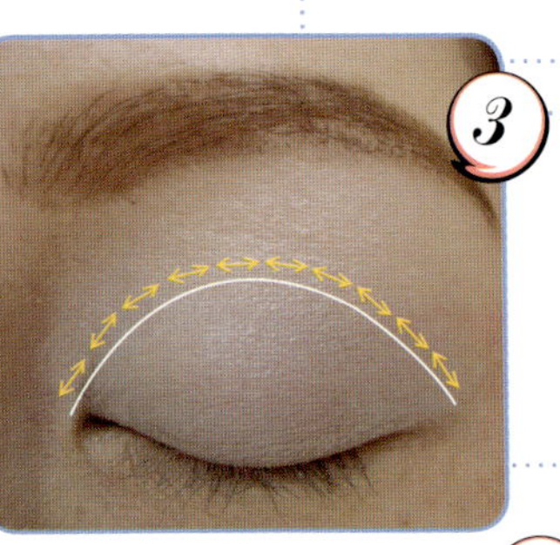

用松头眼影刷蘸取 B 天蓝色，从睫毛根部晕染到眼窝范围，高度不要超过眼球上方的凹陷圆弧线，并用刷子在颜色的上边缘来回扫几遍使颜色柔和、自然。

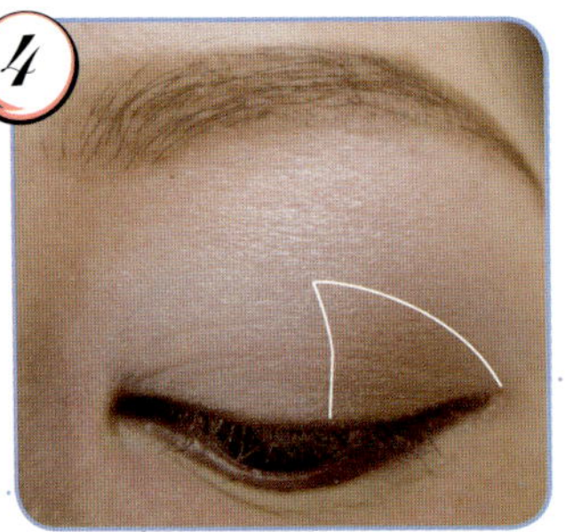

用宽头海绵棒蘸取 C 金棕色，从眼尾向前晕染眼窝后 1/3 的 v 型区域，减少眼部浮肿感，降低蓝色的妖艳感。

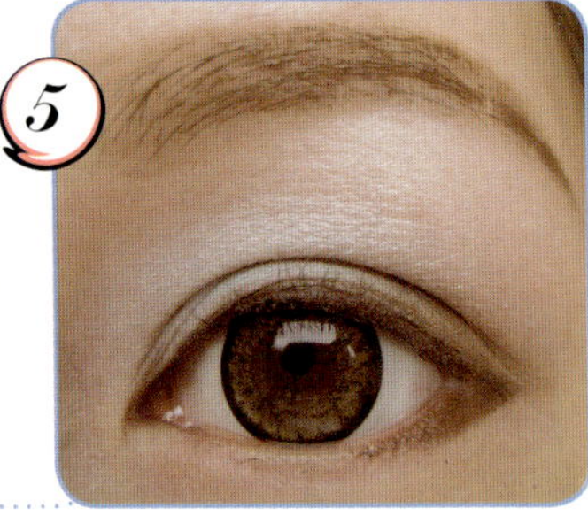

用金棕色眼线笔勾画整条上眼线以及下眼线的后 1/3，眼尾略拉长 2~3mm。

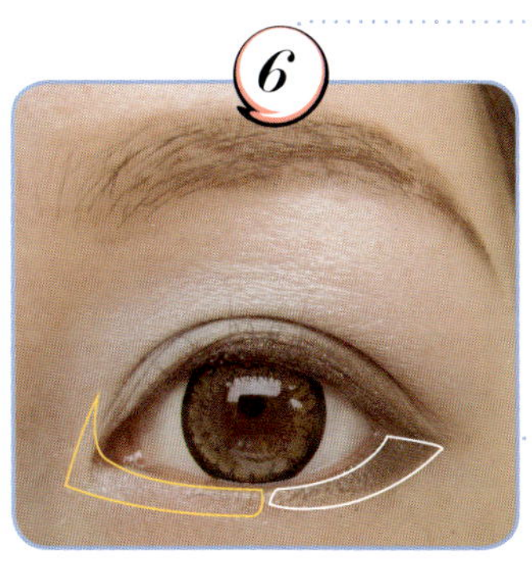

用尖头眼影刷蘸取A蓝白色涂满下眼线前2/3。接着用细头海绵棒蘸取D深咖啡色叠加在下眼线后1/3，并和前面浅色部分过渡均匀。

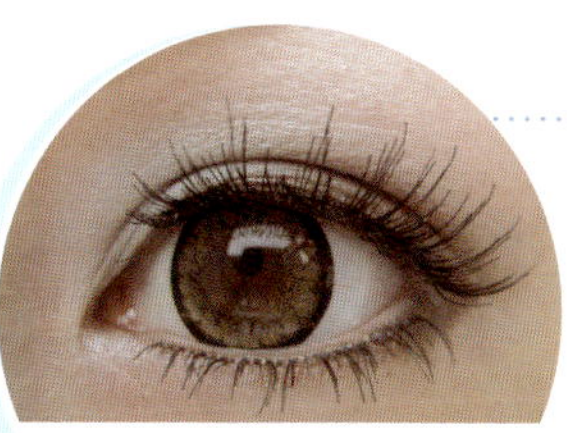

完成

上班族MM直接刷上睫毛就ok啦。毛发稀疏的我选择了发散型自然纤长款假睫毛。

蓝色系眼妆可以搭配浅粉色唇色。先擦一层淡粉色唇膏，然后叠擦透明闪亮唇蜜。

MAC 唇膏 GaGa
露华浓透明唇蜜 Shine City

选择糖果粉色腮红与蓝色系眼影搭配，妆面显得更加清新自然。

NARS 腮红 Angelika

替代用品
tidaiyongpin

LUNASOL 日月晶彩
漾境眼影 01

卡姿兰 钻石星沙八色眼影 #02

无妖气的蓝色眼妆

完妆图

清新山杜鹃妆

裸妆是不变的主题，若有似无的眼彩，清透的底妆，自然红润的腮红和唇色，没有刻意修饰的痕迹，却又清新如一朵山杜鹃。

眼妆用品
yanzhuangyongpin

Lunasol 日月晶彩 花蕾净化眼影 05 山杜鹃
Too Taced Shadow Insurance 眼部打底
Benefit Lemon Aid 柠檬亮眸膏
Prestige Total Intensity 眼线笔

Ardell #218 假睫毛
Ardell #108 假睫毛
范冰冰款杂草下睫毛

海绵棒

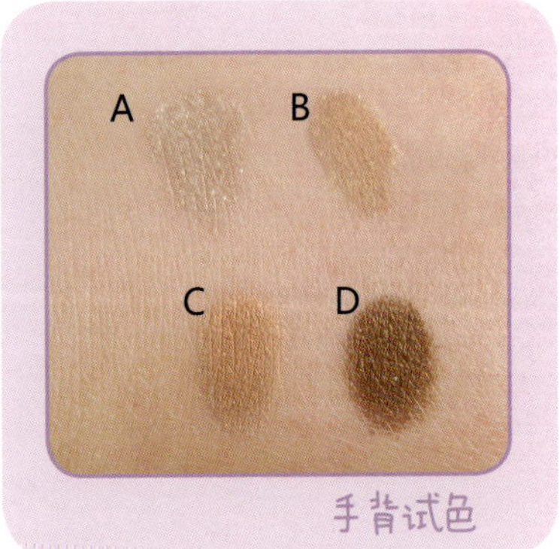

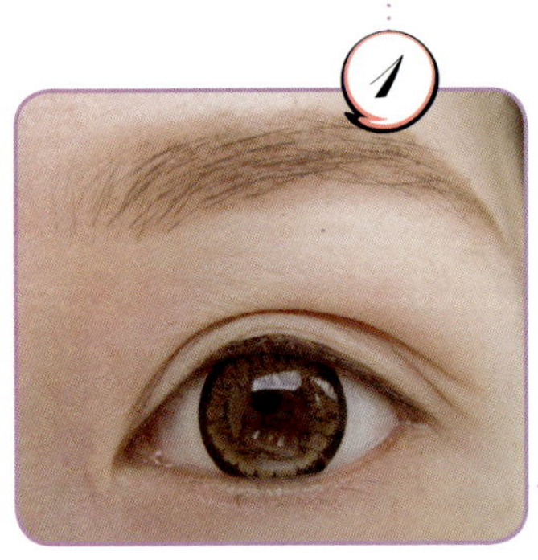

美瞳为绚眸自然棕

首先画出自然粗平眉形。

将眼部打底轻拍于上眼皮，并用咖啡色眼线笔勾勒出内眼线。

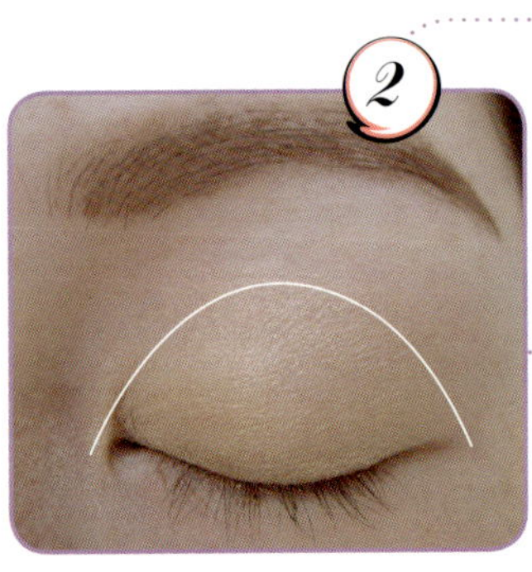

用宽头海绵棒蘸取 B 淡金橘色，从睫毛根部开始，向上均匀晕染至眼窝范围。

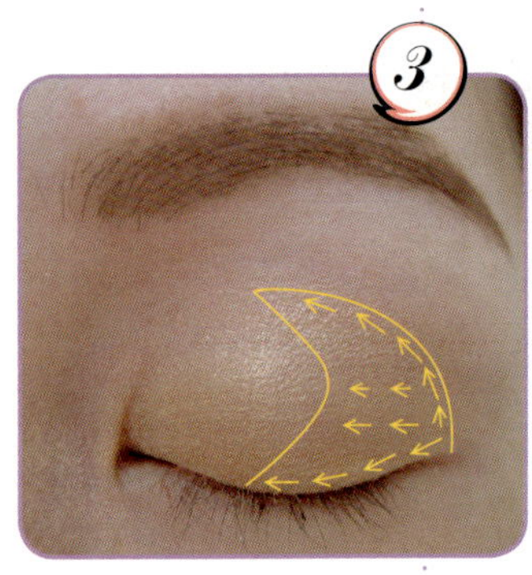

用宽头海绵棒蘸取 C 粉橘色，从眼尾开始上色，按照图示范围、方向，将颜色朝眼窝中部推开。让颜色在眼尾处最深，向眼头方向渐浅，呈一个圆润的 V 型，增强眼部立体感。

PS 每一笔的最初落点都要在眼尾靠近睫毛根部的位置，这样才能保证颜色的渐深过渡。

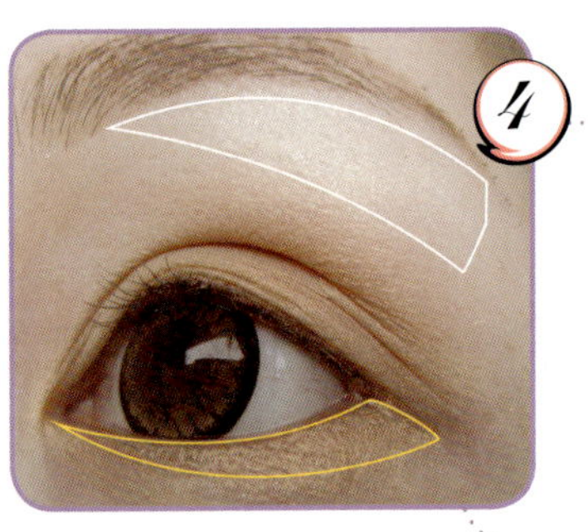

用宽头海绵棒蘸取 A 米白色打亮眉骨，注意要将 A 色和 B 色的边界融合，不要留下空白。用细头海绵棒蘸取 B 淡金橘色由下眼尾向眼头描画下眼影，眼影在眼尾处略拉长并向下加宽，在眼头方向逐渐收窄线条。

5 用细头海绵棒蘸取 D 深咖啡色描画上眼线及下眼线后 1/2。在眼尾处将上、下眼线连接起来，向后拉出一个干净的三角形。用 A 米白色打亮下眼头。

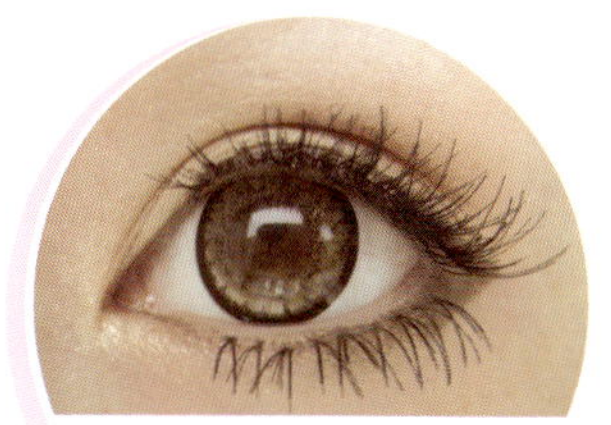

完成

如果追求无妆感，直接刷上睫毛膏就可以出门啦。我这次用了两副上假睫毛，将半截式眼尾加强型睫毛叠加在短款自然型睫毛的尾部，制造忽闪忽闪的电眼效果。

Benefit Eye Bright 打亮笔
Sleek 唇膏 Lemon Meringue

使用柠檬黄色唇膏提亮唇色，并用肉粉色打亮笔在唇峰处打亮，令嘴唇显得更饱满。

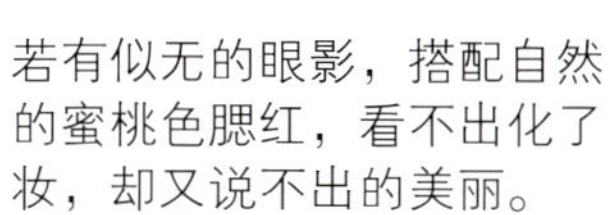

若有似无的眼影，搭配自然的蜜桃色腮红，看不出化了妆，却又说不出的美丽。

Sleek 修容高光组合
MAC 矿物腮红 Dainty

替代用品
tidaiyongpin

YSL 五色眼影 #01

欧莱雅魅力幻彩眼影 太妃金

清新山杜鹃妆

完妆图

碧波金沙
下眼线主打妆

这是一款以彩色下眼线为主打的眼妆，通过金咖色调节，整体艳而不妖。简单易学无须使用刷具晕染，用果冻型眼影还防水防油，很适合春夏使用。

Jill Stuart 眼彩冻
Benefit Eye Bright 打亮笔
夜巴黎金咖色眼线笔
MAC Pearlglide 眼线笔 Undercurrent
Prestige Total Intensity 黑色眼线笔
尖尾 8 假睫毛
自然 711 假睫毛

A　B

手背试色

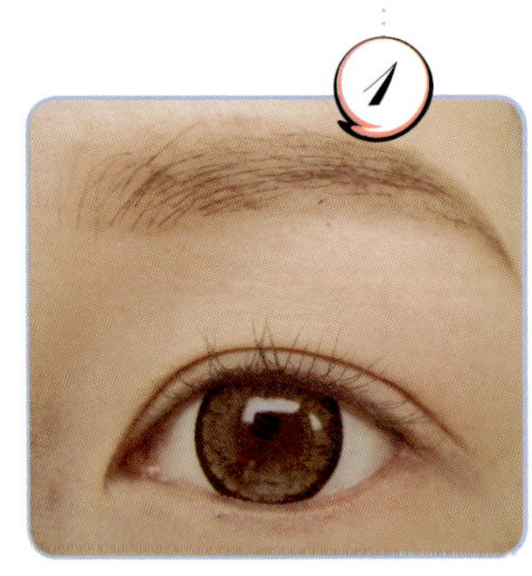

美瞳为绚眸自然棕

首先从打过底、化好咖啡色内眼线的眼睛开始。

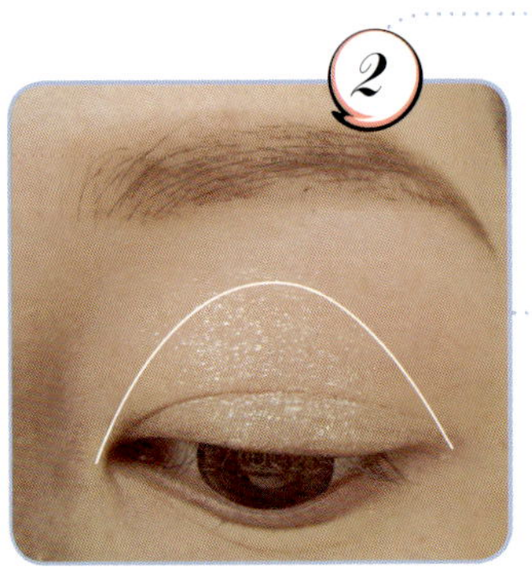

用手指蘸取 A 淡金色眼彩冻拍在上眼皮上，颜色控制在眼窝范围内。

用手指蘸取 B 咖啡色眼彩冻拍在双眼皮眼褶范围内。

PS 内双 / 单眼皮，以睁眼能看到颜色为准。

用咖啡色眼线笔紧贴睫毛根部描画一条细细的上眼线，眼尾平拉出 1~2mm。

用黑色眼线笔涂满下眼线内膜位置，再用蓝绿色眼线笔化下眼线。眼尾粗，到眼头渐细。

完成

选用两副假睫毛叠加起来贴，制造洋娃娃大眼效果。

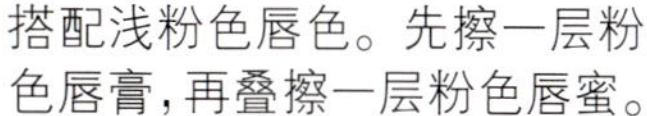
搭配浅粉色唇色。先擦一层粉色唇膏，再叠擦一层粉色唇蜜。

MAC 唇膏 GaGa
MAC 润唇蜜 Sweet Tooth

Sleek 修容高光组合
MAC 美颜粉 Summer Rose

眼线的颜色较为浓重，不妨使用自然的浅粉色腮红，不要让脸变成一张小花脸。

替代用品
tidaiyongpin

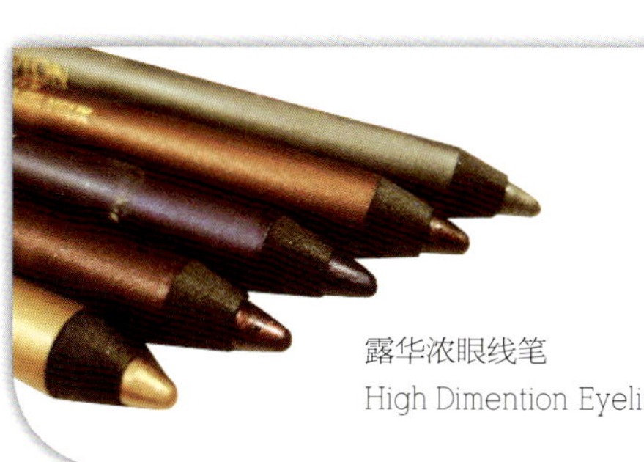
露华浓眼线笔
High Dimention Eyeliner

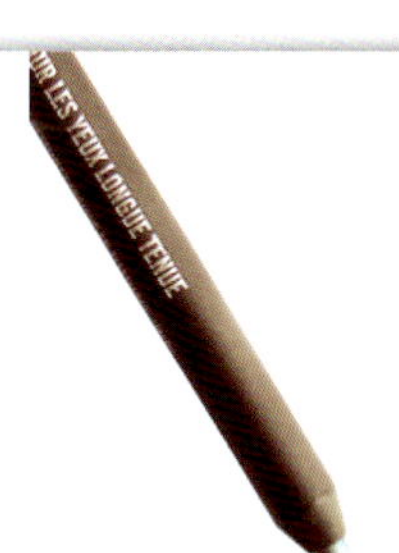
MAC 持久防水眼线笔
So There Jade

碧浪金沙
下眼线主打妆
完妆图

粉红娃娃妆

很多人对粉红色眼影心存畏惧，觉得粉红色就是肿眼皮的代名词。其实只要将粉色眼影和深色收敛感眼线/眼影搭配使用，就可以既保持甜美感，又不失深邃。一起尝试粉红色大眼娃娃妆吧。

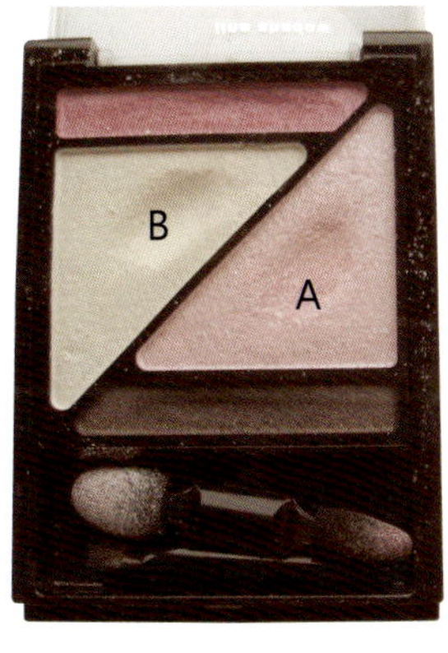

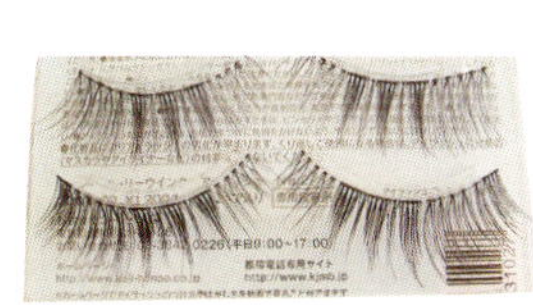

KATE Z 字眼影盘 PK-1
Prestige Total Intensity 棕色眼线笔
Dolly Wink #2 假睫毛

海绵棒

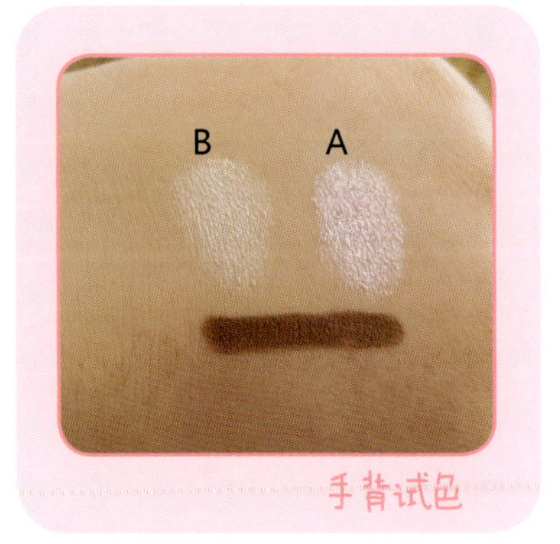

手背试色

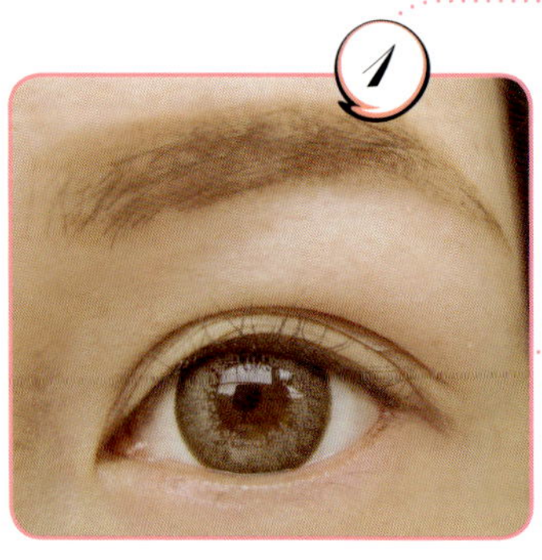

1 美瞳为 NEO 巨目灰

首先从打好底、化好咖啡色内眼线的眼睛开始。

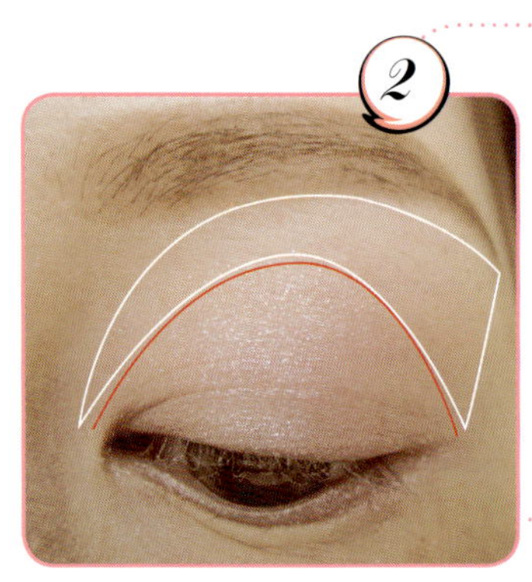

2 用宽头眼影棒蘸取 A 淡粉色擦满眼窝范围，再蘸取 B 淡金色打亮眼头和眉骨，两个颜色自然过渡。

PS 内双和单眼皮的女生，可以将粉色范围控制在睁眼能看到颜色为准。眼皮肿的女生可适当缩小范围，并用亚光米色代替 B 色，减少浮肿感。

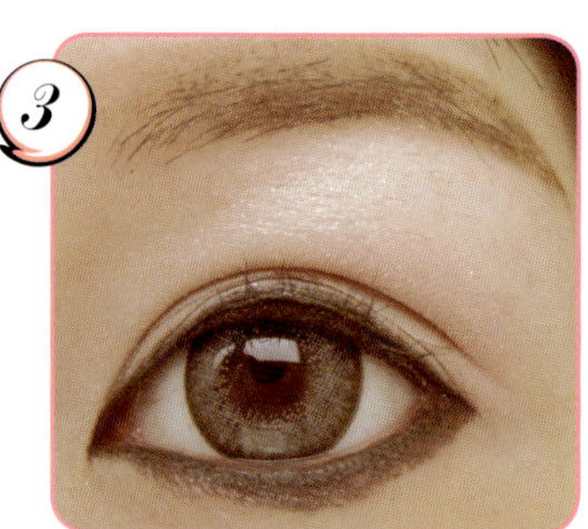

3 用棕色眼线笔描画圆眼眼线，眼线在上下眼中位置加粗，向两侧渐细，加强眼睛高度，从而制造圆而大的眼睛效果。

PS 单眼皮女生可将眼线整体加粗，以睁眼能看到清晰眼线为准。内双女生，可只化内眼线，在眼中位置略加粗。

完成

要制造大眼洋娃娃妆效，假睫毛是必须的秘密武器。选择眼中加强型假睫毛，令眼睛看起来更圆更大，洋娃娃感十足！

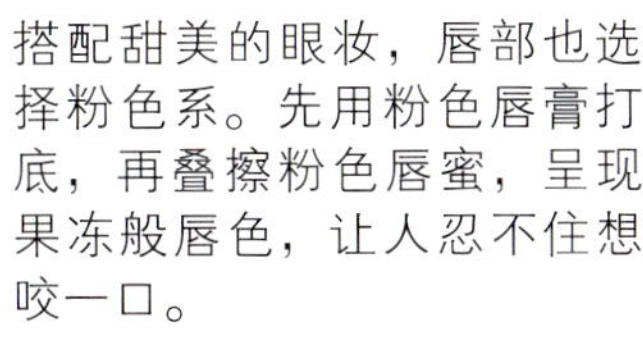

搭配甜美的眼妆，唇部也选择粉色系。先用粉色唇膏打底，再叠擦粉色唇蜜，呈现果冻般唇色，让人忍不住想咬一口。

MAC 唇膏 GaGa
NARS 唇蜜 Angelika

NARS 腮红 Angelika
Max Factor 修容粉条

为了配合粉红的眼妆，选择一款糖果粉色腮红，用横向化圆的手法上色，让脸看起来嘟嘟的，粉粉的，可爱加倍。

替代用品
tidaiyongpin

娇兰 金钻莹亮四色眼影 #440

Coffret D'or 金炫光灿 星璨立体眼影 01

粉红娃娃妆

完妆图

灰蓝色
立体感小烟熏

这是一款通过加强眼头和眼尾阴影感，制造超强立体感的眼妆。

NARS 双色眼影 Underworld
KATE Z 字眼影盘 BR-2
Prestige 眼线笔黑色和铁灰色
公主李交叉 7 假睫毛

海绵棒
MAC #217 松头眼影刷
MAC #219 尖头眼影刷

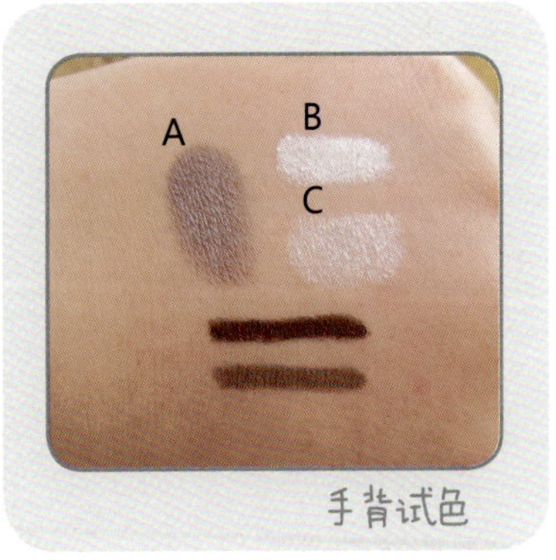

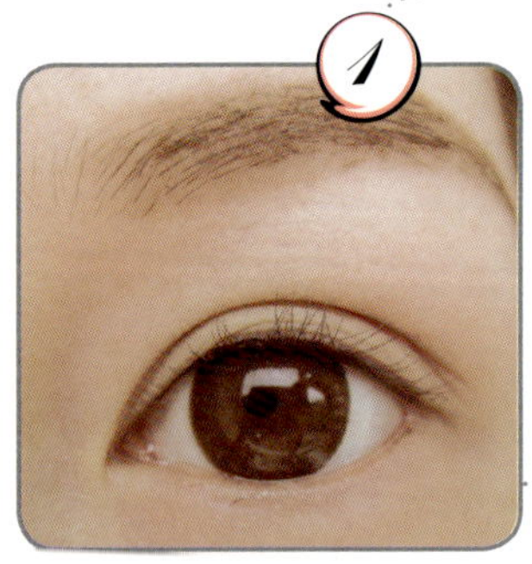

1

美瞳为 NEO 巨目棕

从打过底、化好内眼线的眼睛开始。眉色不要太深，眉形走自然粗平眉路线即可。

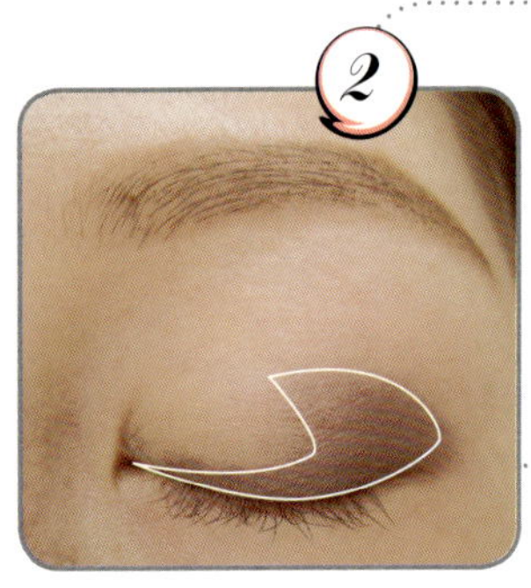

2

用松头眼影刷蘸取 A 蓝灰色，从眼尾向前至距眼尾 1/3 的范围晕染出一个三角形，并沿睫毛根部向前化一条后宽前窄的眼线。

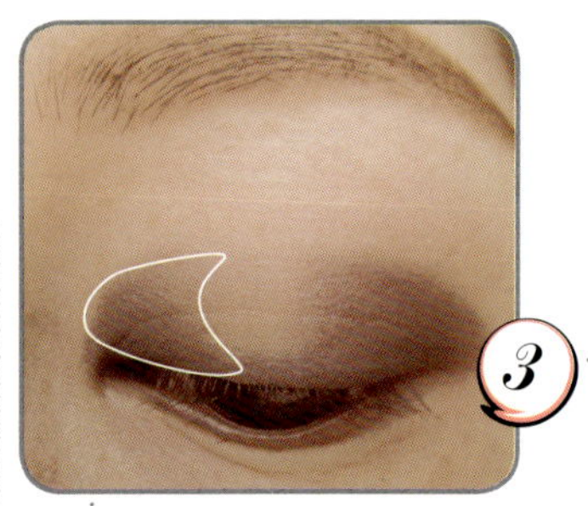

3

用松头眼影刷蘸取 A 蓝灰色，从眼头向后至距眼头 1/3 的范围晕染出一个三角形。注意中间要留出一段空白，位置在眼球正上方。

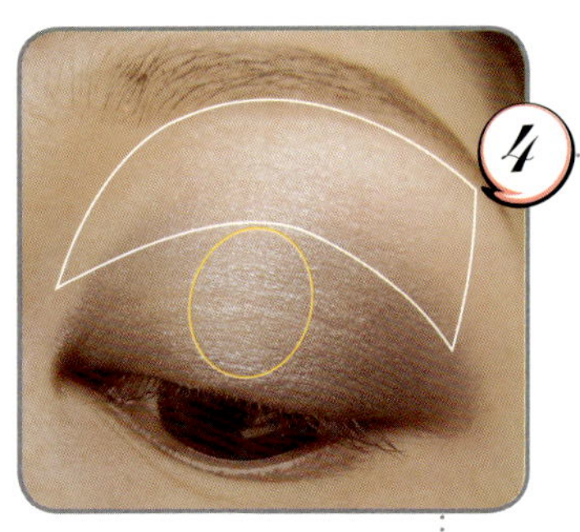

4

用海绵棒蘸取 B 亮白色压在眼窝中间的空白处，晕染成一个椭圆形，与两侧深色过渡均匀，增加眼睛的立体感。

再蘸取 C 米肤色从深色眼影上边缘一直涂到眉骨位置进行打亮，并通过打圈的手势消除明显的深浅色界限。

5 用尖头眼影刷蘸取A蓝灰色描画下眼线的前1/3和后1/3，眼球下方留白。

6 用细头海绵棒蘸取B亮白色涂在下眼线中间，和两侧深色眼线过渡连接。用铁灰色眼线笔填满下眼线内膜位置。

7 用黑色眼线笔紧贴睫毛根部画上眼线，以及下眼线后1/3。

完成

选择一副浓密型眼尾加强假睫毛，提升眼妆的深邃度。

为了搭配小烟熏眼妆，要弱化唇部。选择裸橘色唇膏叠加裸粉色唇蜜，既不会抢走眼妆的风头，又能够中和冷色调眼影带来的沉重感。

用唇刷将裸橘色唇膏涂满唇部，然后从唇中央将裸粉色唇蜜涂匀，增加水润感。

Suqqu 唇膏 蜜柑茶
NARS 唇蜜 Chihuahua

选择自然的玫瑰色腮红搭配小烟熏妆。腮红不易过重，将妆容的重点放在眼妆上。

Max Factor 修容粉条
NARS 腮红 Douceur

替代用品
tidaiyongpin

娇兰 流金四色眼影 #480

欧莱雅 魅力幻彩眼影 星光灰

灰蓝色
立体感小烟熏

完妆图

葡萄紫与苹果绿的邂逅

紫色与绿色是非常和谐的颜色组合，这是一个简单的双色搭配眼妆。

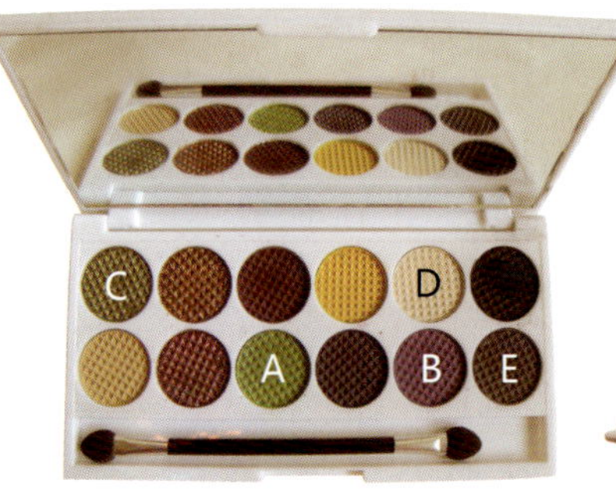

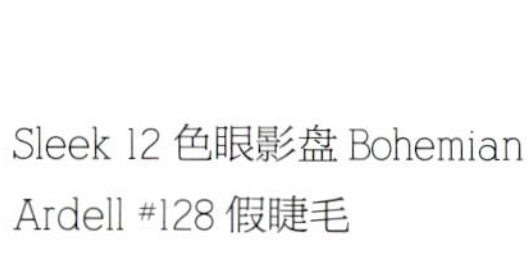

Sleek 12 色眼影盘 Bohemian
Ardell #128 假睫毛

MAC #239 扁头眼影刷
MAC #217 松头眼影刷
MAC #209 眼线刷

手背试色

1 美瞳为 Bescon 三色灰

从打过底、化好内眼线的眼睛开始。

2 使用扁头眼影刷蘸取 A 苹果绿色涂满眼窝前 2/3。

3 使用扁头眼影刷蘸取 B 葡萄紫色压在眼窝后 1/3。

4 用松头眼影刷蘸取 C 金色叠加在紫色和绿色的交接处，左右扫动使两个颜色过渡自然。再蘸取 D 亚光米色扫在眉骨处，并在颜色交接处来回扫动消除明显的色差。

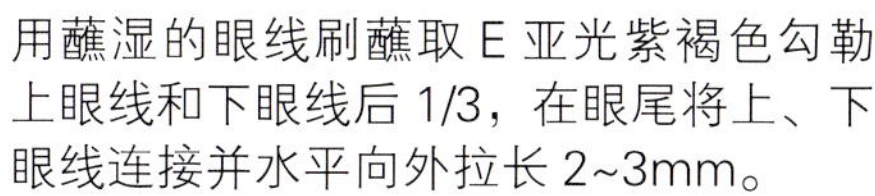

5 用蘸湿的眼线刷蘸取 E 亚光紫褐色勾勒上眼线和下眼线后 1/3，在眼尾将上、下眼线连接并水平向外拉长 2~3mm。

6

用眼线刷蘸取C金色打亮内眼角，再蘸取E亚光紫褐色叠加在下眼线后1/3。

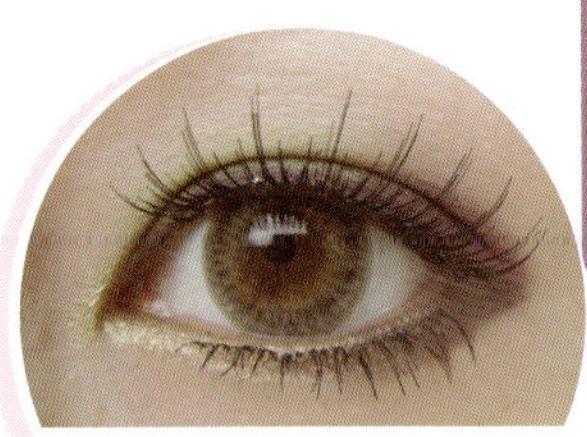

完成

假睫毛选择自然纤长型，保持眼妆的清新感觉。

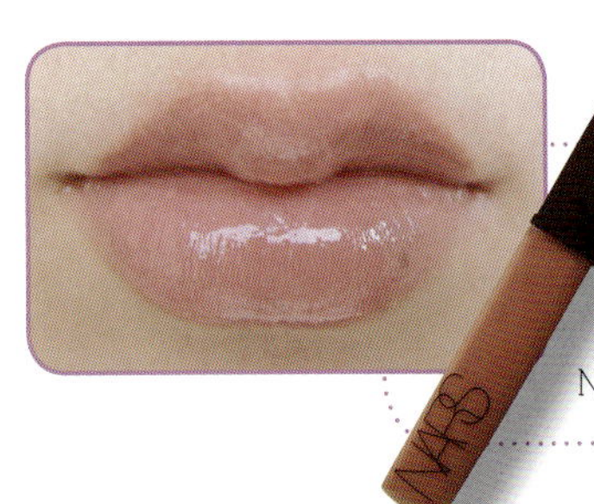

唇部选择石榴粉色的唇蜜。

NARS 唇蜜 Chihuahua

选择百搭的金调蜜桃色腮红配合撞色眼妆。

MAC 矿物腮红 Warm Soul
Max Factor 修容粉条

替代用品
tidaiyongpin

Lunasol 日月晶彩 凛香眼影 03

葡萄紫与
苹果绿的邂逅
完妆图

日系水滴状大眼妆

日本时尚杂志里的 model 经常有如漫画女主角般的梦幻大眼妆。其实我们也可以做到。只要善用眼线和假睫毛，就可以塑造同样卡通感的美丽大眼睛。

Coffret D' or 金炫光灿 星璨立体眼影 05
Sleek 黑色眼线胶
Prestige Total Intensity 棕色眼线笔
Benefit Eye Bright 打亮笔
Koji Dolly Wink #1 假睫毛

海绵棒
MAC#209 眼线刷

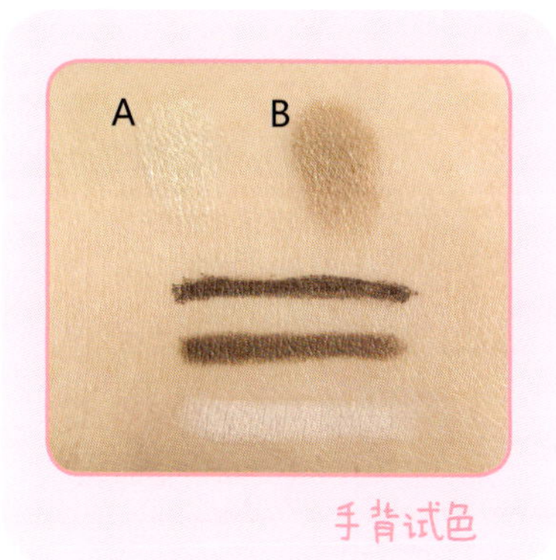

手背试色

1

美瞳为 NEO 巨目灰

为了加强大眼效果，可以用双眼皮贴加宽眼褶。为突出眼妆，眉毛颜色需要淡一点。

2

用宽头海绵棒蘸取A浅金色涂满从睫毛根部到眉骨的整个上眼皮范围。

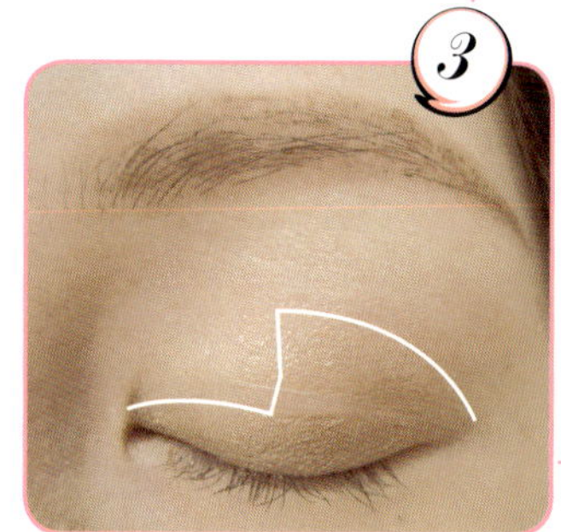

3

用宽头海绵棒蘸取B金棕色，擦在眼褶以及眼窝后半部的V型区域，上色时从眼尾向眼头轻轻扫动。

4

用眼线刷蘸取黑色眼线胶描画整条上眼线，眼尾顺着睫毛根部化并斜向下延长，眼头细眼尾粗，在内眼角勾画出尖尖的假眼头。用棕色眼线笔化下眼线，眼尾不要顺着睫毛根部走，在眼球外侧化出一个圆弧，把眼睛的轮廓向下拉；眼头沿着下睫毛细细描画，从眼尾勾画到眼头。用粉白色打亮笔将下眼线眼尾的留白涂满。

5

用细头海绵眼影棒蘸取B金棕色在下眼线外侧轻轻晕染出一道阴影。

选择较夸张的眼尾加长加密型假睫毛，令大眼效果更加明显。

选择日系杂志MM最爱的糖果粉色腮红，看起来更加卡哇伊 ~~~

NARS 腮红 Angelika
Max Factor 修容粉条

唇膏选择清透的淡粉色。先将浅粉色唇膏涂满唇部，然后在唇中央薄薄叠擦一层水红色唇膏，最后整体叠一层透明唇蜜。

MAC 唇膏 GaGa
MAC 唇膏 Cyndi
露华浓唇蜜 Shine City

替代用品
tidaiyongpin

美宝莲棕色眼线笔

Bobbi Brown 眼线胶

美宝莲眼线胶

日系水滴状
大眼妆
完妆图

下眼线烟熏长眼妆

妆容的重点是拉长眼型的眼线及下眼线位置的晕染。既能保持上眼皮的清爽感，又能有力地拉长放大眼睛。有烟熏的感觉，又不会显得浓重。

眼妆用品
yanzhuangyongpin

Coffret D' or 金炫光灿 星璨立体眼影 05
NARS 单色眼影 Night Clubbing
MAC Pearlglide 眼线笔 Black line

公主李交叉 7 假睫毛

海绵棒
MAC#219 尖头眼影刷

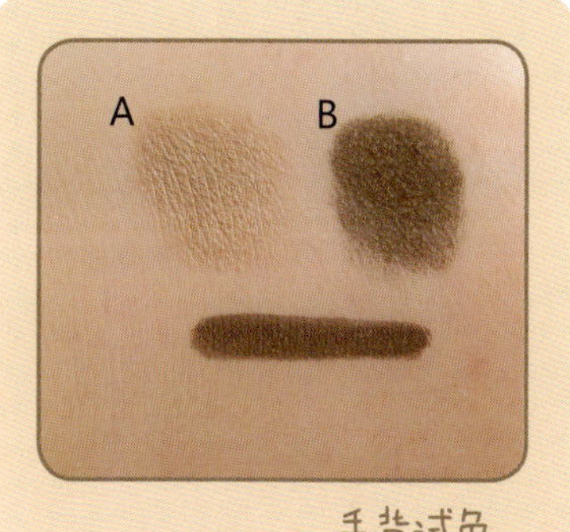

手背试色

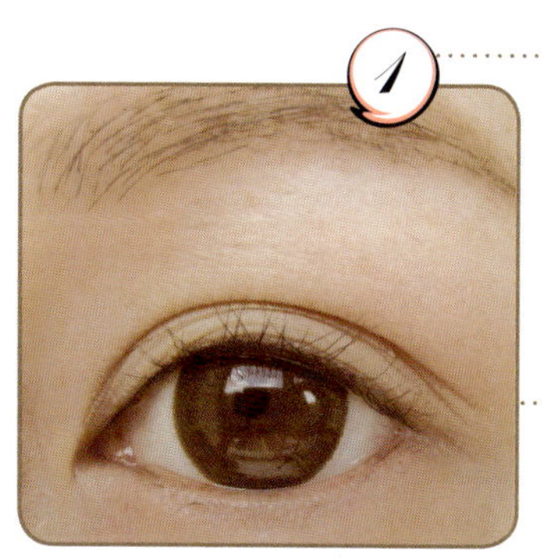

1

美瞳为 NEO 巨目棕

因为眼妆是烟熏感的，所以眉毛颜色要淡一点，只用浅棕色眉粉轻轻扫过。

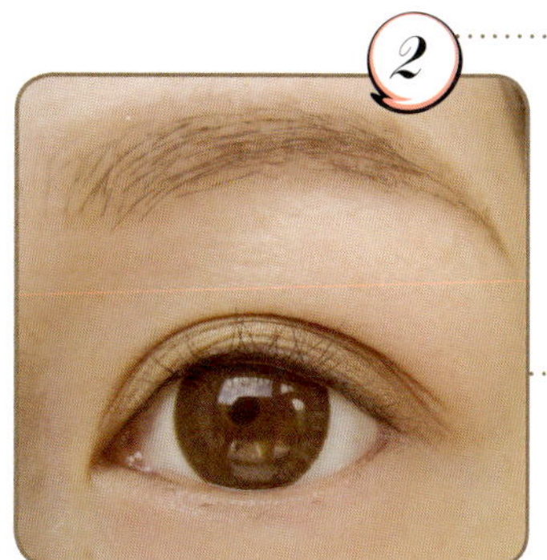

2

用宽头海绵棒蘸取 A 金棕色涂满双眼皮褶。

PS 单 / 内双眼皮女生化时，高度以睁眼能看到眼影为准。

3

用黑绿色眼线笔勾勒出全包围式的上下眼线。上眼线尽量细，贴近睫毛根部，眼尾轻微上扬。下眼线画 3~4mm 宽的粗线条，将眼头、眼尾和上眼线连接起来。

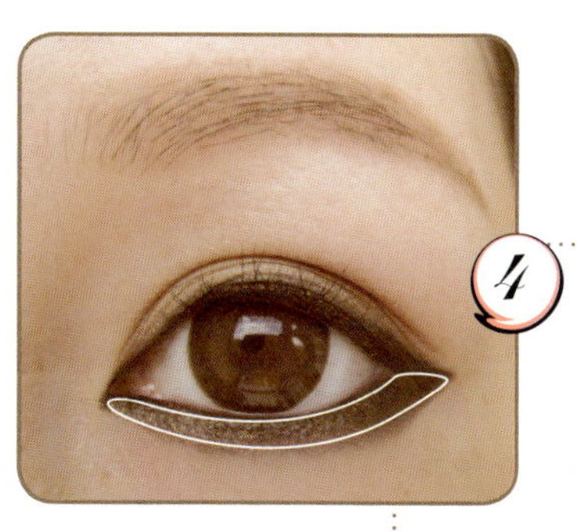

4

使用尖头眼影刷蘸取 B 金闪黑绿色，叠加在下眼线，左右扫动，将下眼线的线条匀开，制造柔和的渐进效果。

5

用细头海绵棒蘸取 A 金棕色，在下眼线眼尾的下边缘进行轻微晕染，制造淡淡的阴影感，使下眼线看起来更柔和。

完成

选用交叉型浓密短款假睫毛，贴在尽量靠近眼尾的位置，加强长眼效果。

眼部是整个妆容的重点，唇部应弱化。先涂一层裸蜜桃色唇膏，然后叠加同色系唇蜜增加光泽感。

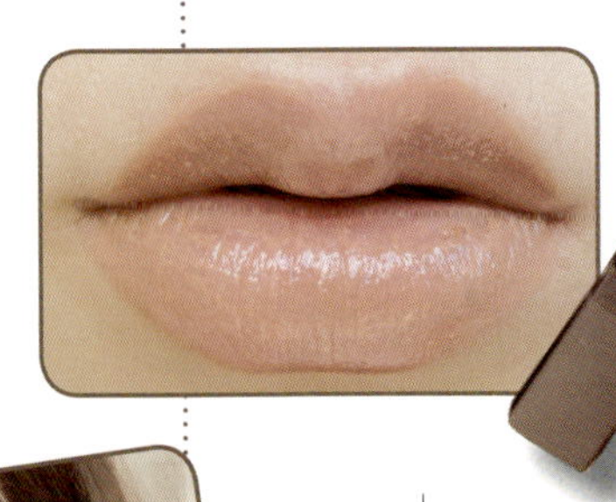

NARS 唇膏 Honolulu Honey
MAC 唇彩 Revealing

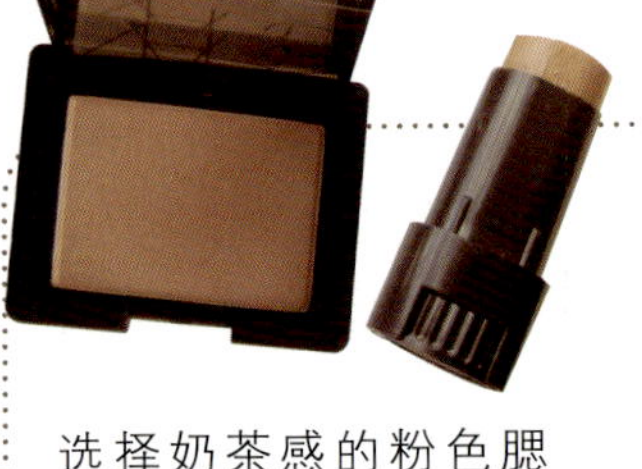

选择奶茶感的粉色腮红，腮红沿颧骨下方凹陷处斜向上刷至太阳穴，突出脸部立体感。

Max Factor 修容粉条
NARS 腮红 Madly

替代用品
tidaiyongpin

MAC 单色眼影 Green Smoke

欧莱雅 hip 名彩双色金属眼影 #306

下眼线
烟熏长眼妆
完妆图

开外眼角鹦鹉妆

这是一个非常规的开外眼角效果的撞色妆，have some fun!

眼妆用品
yanzhuangyongpin

Sleek 12 色眼影盘 Safari
NARS 双色眼影 Ratedr
Prestige Total Intensity 眼线笔 #08
Prestige 防水自动笔 Sephia
Benefit Eye Bright 打亮笔
尖尾 1 假睫毛

MAC#217 松头眼影刷
MAC#219 尖头眼影刷

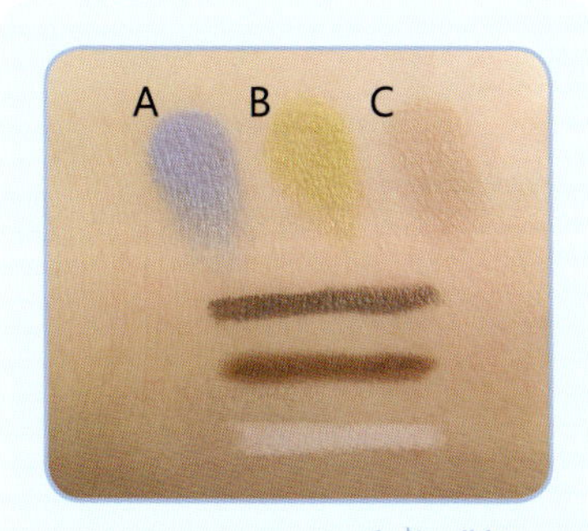

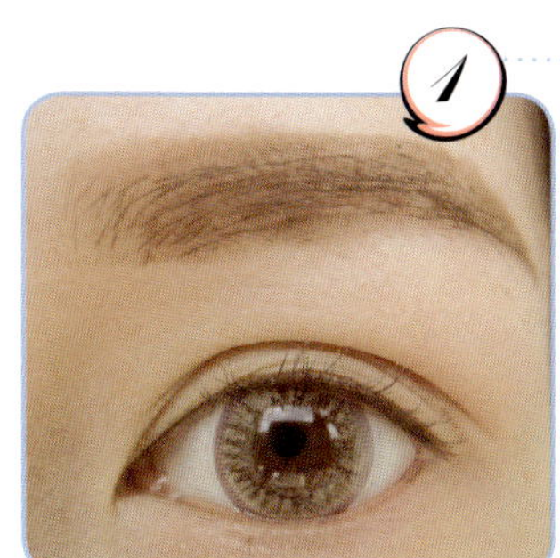

美瞳为 EOS 薄雾棕

首先从打好底、化上咖啡色内眼线的眼睛开始。

使用松头眼影刷蘸取 A 孔雀蓝色擦满眼窝范围。

PS 单/内双眼皮女生化时，高度以睁眼能看到颜色为准。眼影上色的位置控制在最后一根睫毛生长处即可，不要向外眼角延伸。

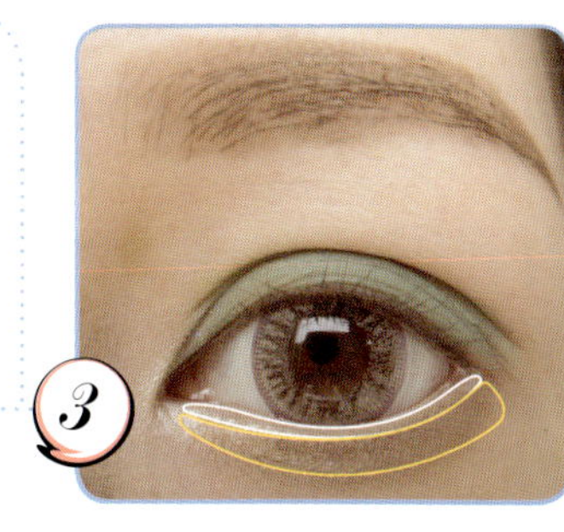

用粉白色打亮笔涂满下眼线内膜位置，令眼睛看起来更大更明亮。然后用尖头眼影刷蘸取 C 亚光浅咖啡色化一条略粗的下外眼线，制造卧蚕效果。眼尾处不要向外延伸。

用尖头眼影刷蘸取 B 黄绿色在眼尾处化一个三角形，将上下眼线之间的空白填满，制造开外眼角的效果。

用铁灰色眼线笔描画上眼线，用咖啡色眼线笔描画下眼线后 1/3，线条要细。眼尾处两条眼线不要交汇，分别沿眼尾三角区的上下边缘延伸，加强开眼角的效果。

完成

选择自然型尖尾假睫毛加强大眼效果。

搭配粉橘色唇膏，妆感更加明媚。

Sally Hansen Moist & Matte 液体唇膏

NARS 腮红棒 Turks & Caicos
Sleek 修容高光组合
NARS 霜状腮红 Enchanted

选择清透的蜜桃色腮红搭配黄蓝撞色的鹦鹉妆，让妆容更有质感。

色彩地带 恋爱魔法四色眼影 01

植村秀限量 7 色眼影盘 碧水蓝天

开外眼角鹦鹉妆

完妆图

酷感灰黑色烟熏妆

灰黑系烟熏是永恒不变的潮流，却也是难度较大的妆容，因为不留神就会变成脏兮兮的熊猫眼，这让很多对烟熏妆感兴趣的女生望而却步。其实只要掌握正确的晕染手法和上色顺序，即使是初接触彩妆的人也能轻松化出干净的烟熏妆。

眼妆用品
yanzhuangyongpin

Sleek Kajal 黑色眼线棒
NARS 单色眼影 Night Breed
MAC 矿物四色眼影 Girlish Romp
兰蔻单色眼影 Erika F

ARDELL #318 假睫毛
公主李交叉 7 假睫毛

NARS #15 短毛眼影刷
MAC #217 松头眼影刷
MAC #219 尖头眼影刷

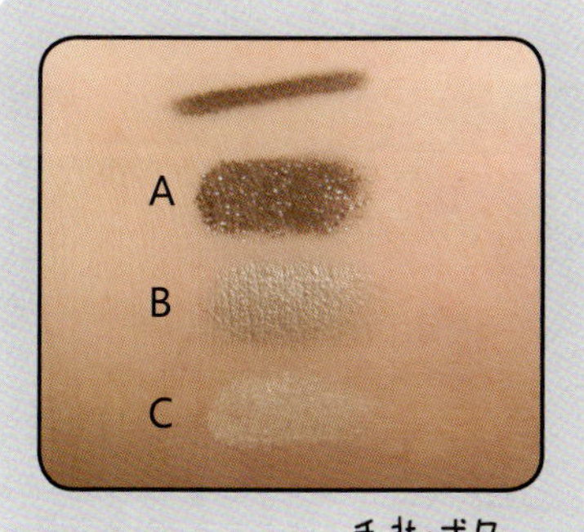

手背试色

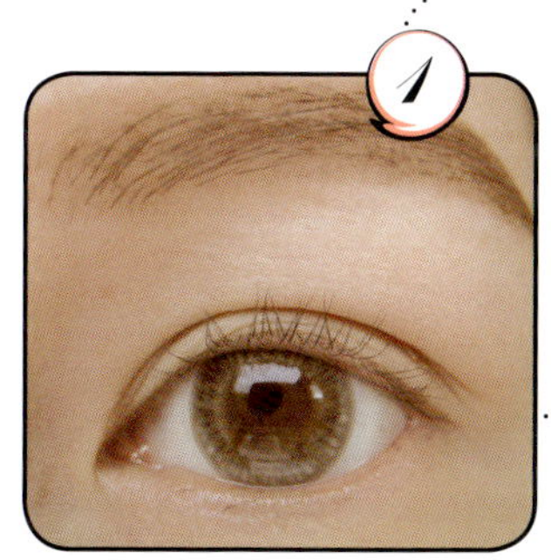

美瞳为 Bescon 三色灰

因为眼妆会用比较浓重的灰黑色系，所以眉毛颜色要浅一些，眉形选择粗平自然眉。

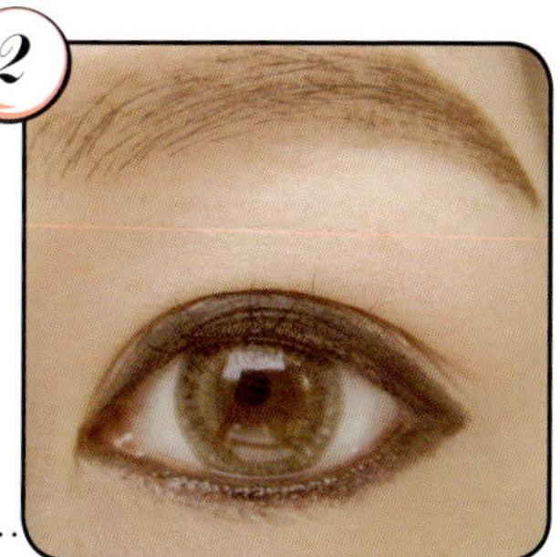

使用黑色眼线棒化出上下全包围式的眼线，连眼线内膜都要填满。线条不需要很细致，因为后面还要叠加眼影进行晕染。

用短毛眼影刷蘸取 A 带银闪的黑色叠在上下眼线部分。将眼影从睫毛根部向上推开，左右来回扫动，高度控制在双眼皮褶范围内。

PS 单 / 内双眼皮女生化时，以睁眼能看到黑色为准。

用松头眼影刷蘸取 B 银灰色从睫毛根部开始上色，向上晕染到眼窝高度。再蘸取 C 米金色打亮眉骨，并在深色眼影边缘进行晕染过渡，使烟熏效果浑然一体。

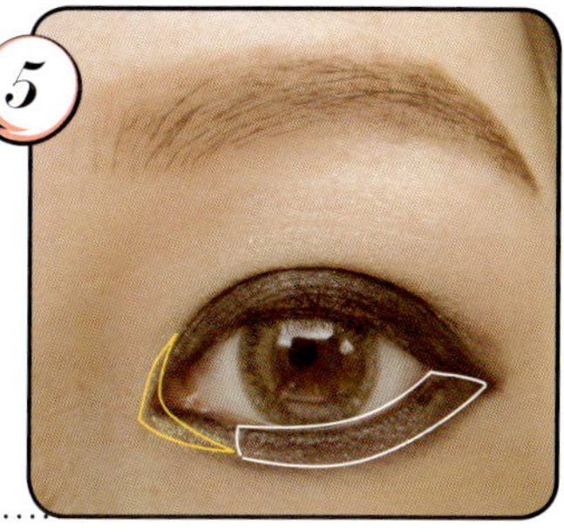

用尖头眼影刷蘸取 C 米金色打亮内眼角 V 型区域，再蘸取 B 银灰色叠加在下眼线深色部分。

选用浓密型眼尾加长款假睫毛，尾部叠加一副眼尾加强型假睫毛，加强烟熏眼妆的深邃感。

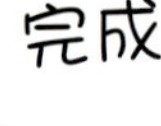

完成

烟熏妆要弱化唇部，选用蜜桃裸色唇部用品。

YSL 迷魅唇膏 #04
MAC 唇彩 Revealing

NARS 腮红 Sertao
Max Factor 修容粉条

选择金棕色腮红，既能弱化腮红的存在感，又能修饰脸部轮廓。

替代用品
tidaiyongpin

MAC 时尚焦点眼影 Black Tied

卡姿兰极致浓郁大眼睛眼影盘 #3

酷感灰黑色烟熏妆

完妆图

垂垂小狗大眼妆

这是一个能提升好感度和无辜 feel 的垂眼妆。通过加粗眼尾的下眼线和加强眼尾的假睫毛，来模仿狗狗眼神。即使气质再凌厉的女生，化上这样一个温柔可爱的妆，也能变成男生愿意亲近的可人儿。

眼妆用品
yanzhuangyongpin

NARS 六色眼影盘 9951
MAC Pearlglide 珠光眼线笔 Almost Noir

Eylure 眼尾加强型假睫毛
范冰冰款杂草下睫毛

MAC #217 松头眼影刷
MAC #224 圆头眼影刷
MAC #219 尖头眼影刷

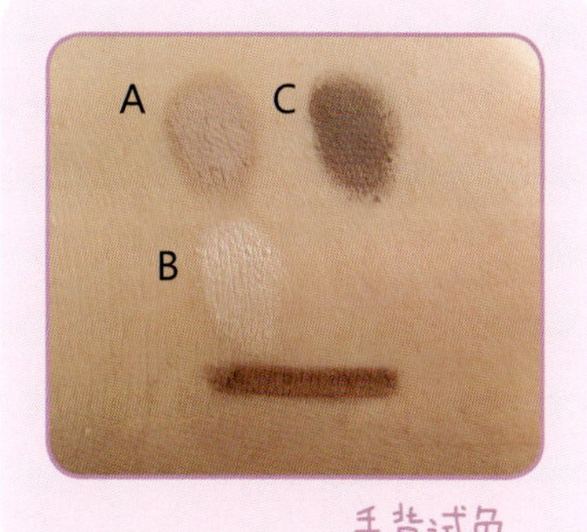

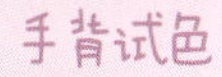

手背试色

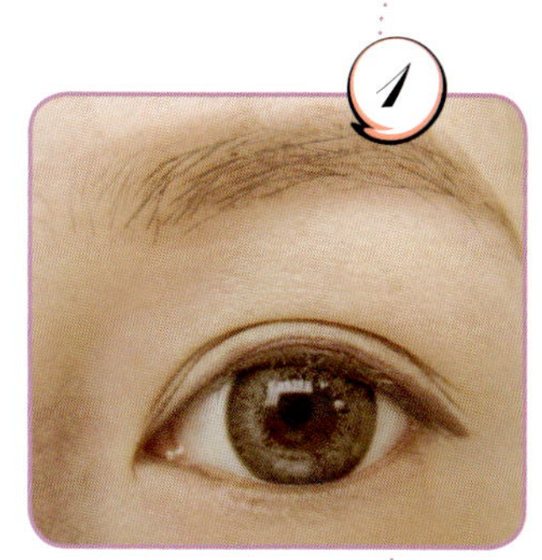

美瞳为 NEO 巨目灰

用红棕色眼线笔描画一条上眼线，眼尾处顺着眼形略拉长，不要刻意上扬。这条眼线可以为后面的眼影提供范围指导。特别是初接触眼妆、下手没有准头的人，推荐这种先眼线后眼影的画法。

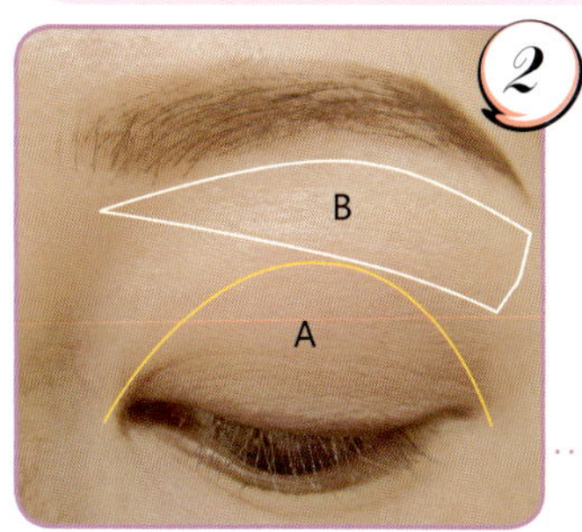

用松头眼影刷蘸取 A 亚光灰紫色从睫毛根部开始上色，晕染到整个眼窝的范围。再蘸取 B 米肤色，打亮眉骨，A 色和 B 色的交接处要衔接过渡，不要留空白哦。

使用圆头眼影刷蘸取 C 亚光深紫色，从外眼角眼线结束的位置开始，依图中箭头所示斜向上沿着眼球边缘凹陷的弧形，轻轻将颜色带过。

PS 一定要少量多次，每次蘸少少眼影，一点点叠加到理想的浓度，千万别生硬地一刷子下去哦，很难补救的。

边缘用干净的刷子轻轻打圈，将颜色柔化，消除那道明显的色差。因为是垂眼妆，所以颜色不要晕得太高，眼窝线晕太高会使眼形上挑。

用尖头眼影刷蘸取 C 亚光深紫色，从眼尾到眼头，沿着之前描画的眼线，来回左右晕染，制造一道柔和的无明显线条感的烟熏式眼线。

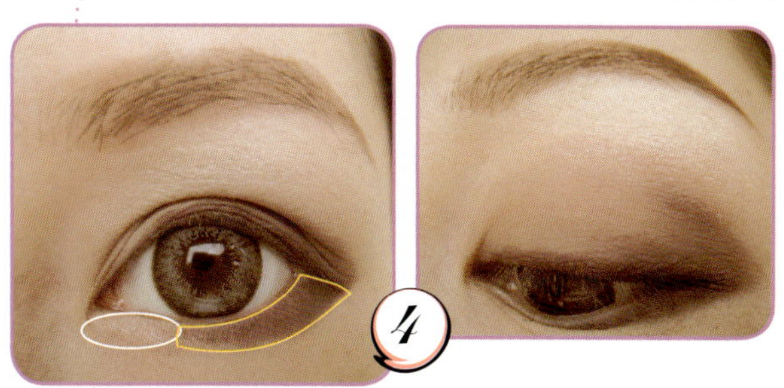

用尖头眼影刷蘸取 C 亚光深紫色，在下眼线后 2/3 处描画下眼影。眼尾处要与上眼线完美衔接，呈一个干净的三角形，并且眼尾位置要大胆加粗，向前渐渐收窄，这样才能制造眼尾下垂的效果。

用棉花棒蘸取 B 米肤色，打亮下眼头，使眼神更明亮。

上睫毛选用浓密发散状眼尾加长型睫毛。贴的时候，眼尾用手指轻轻压低让它不会很卷翘，令眼尾下垂感更明显。下睫毛选择杂草式分簇假睫毛。

完成

为了配合整体的无辜甜美感，唇部选择粉嫩蜜桃色。先用裸色唇膏薄薄擦一层，遮盖唇色，再叠加一层蜜桃粉色唇膏。

MAC 唇膏 Peachstock
MAC 唇膏 Ever Hip

Sleek 修容高光组合
Jill Stuart 甜心爱恋颜彩盘

无辜感的可爱妆容，当然少不了糖果粉色腮红。

替代用品
tidaiyongpin

倩碧 缤纷炫彩四色眼影 #110

香奈儿 四色眼影 #08

垂垂小狗大眼妆
完妆图

魅惑猫眼妆

下垂狗狗眼妆是温柔小女人的代表，而以上扬的眼线及眼影为重点的猫眼妆则是魅惑女人的代表咯。

眼妆用品
yanzhuangyongpin

Lunasol 日月晶采 双魅眼影 01 猫眼石
Lunasol 日月晶采 双魅眼线笔 01

公主李交叉 7 假睫毛

海绵棒

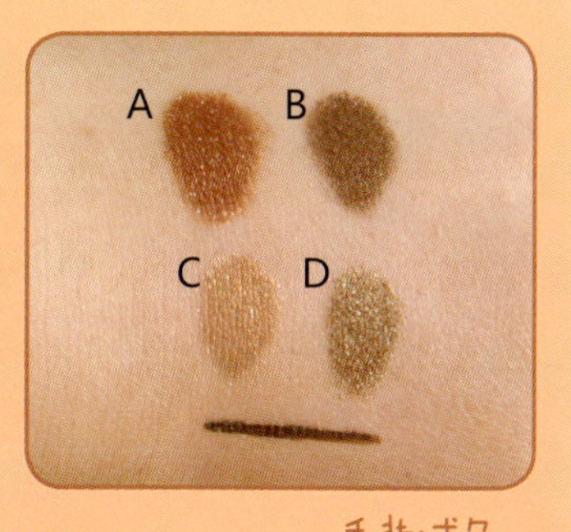

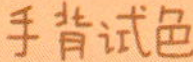

手背试色

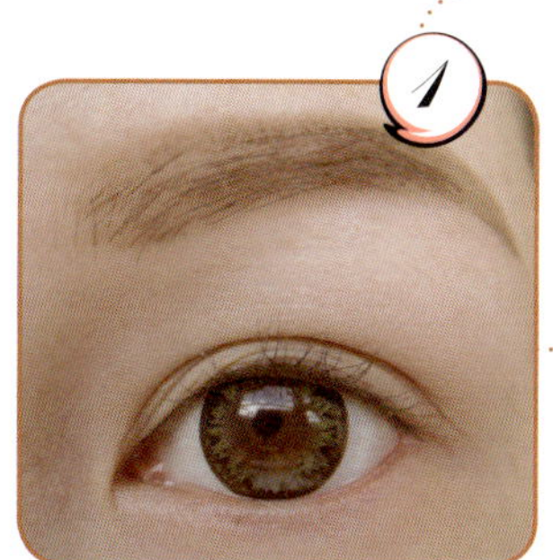

美瞳为 Cool Eye 果冻绿

首先从打过底、化好内眼线的眼睛开始。眉形轮廓要清晰，眉峰加强。

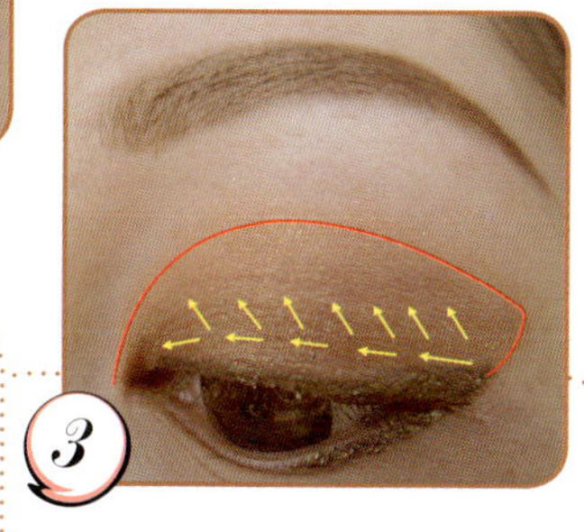

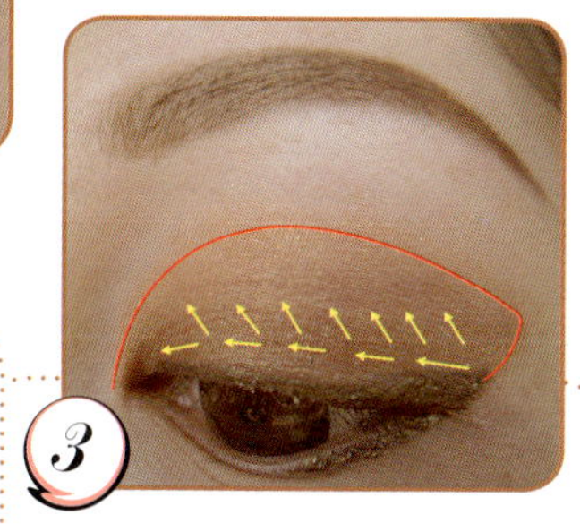

用金绿色眼线液描画眼尾上扬的上眼线，以及下眼线后 1/3。睁眼后可调整一下弧度。线条无须很仔细，因为后面会被眼影覆盖，描出一个大致轮廓即可。

用宽头海绵棒蘸取 A 金铜色从眼尾向眼头、由下至上上色，晕染到眼窝线以下范围。以之前描画好的上扬型眼线为基准，在眼尾沿着眼线走向勾出一个尖角型，这样才有猫眼的感觉。

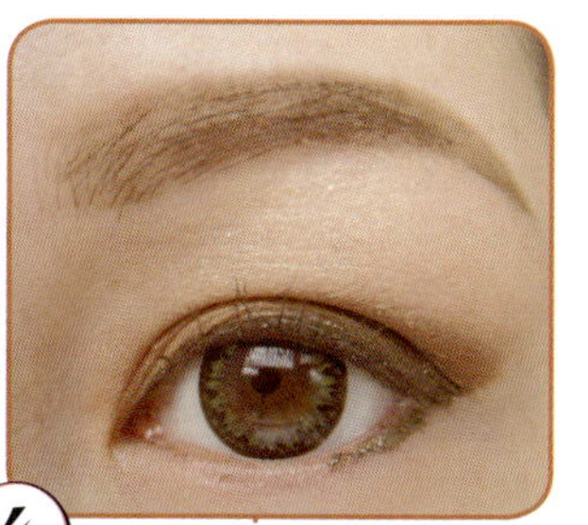

用宽头海绵棒蘸取 B 深咖色从眼尾向眼中及眼窝线方向上色，比之前用 A 色打底的范围，略低一点，眼尾同样突出猫眼的弧度。再蘸取 C 淡金色打亮内眼角及眉骨。

用金绿色眼线液拉出一个小小的假眼头。用细头海绵棒蘸取 B 深咖色叠加在下眼线后 2/3，眼尾沿着上眼线弧度上扬，再蘸取 D 闪亮金绿色打亮下眼头。接着用金绿色眼线液重新叠化上眼线及下眼线后 1/3，令眼线线条更清晰。

完成

选用浓密交叉款、眼尾加强型假睫毛，增加眼尾上扬的弧度，使眼神更魅惑。

选择蜜桃调的裸色系唇膏，既能提升气质，又不会抢走眼妆的风头。

YSL 迷魅唇膏 #04
MAC 唇蜜 Revealing

NARS 腮红 Luster
Max Factor 修容粉条

选择金调蜜桃色腮红搭配带橘感的眼妆，使妆面更加协调。

替代用品
tidaiyongpin

CPB 四色眼影 #13

美宝莲 睛彩造型 璀璨钻石眼影 #09

魅惑猫眼妆
完妆图

假洋妞眼窝妆

这是一个用假眼窝线制造深邃洋妞感的妆容，比较适合纯单眼皮或者眼皮不肿的内双女生。

MAC魔幻星尘眼影粉　色号：A-off the radar, B-deck chair, C-dark soul, D-steel blue
Prestige Total Intensity 棕色眼线笔
MAC 蓝绿色眼线胶笔 Undercurrent
MAC 银灰色眼线液 Marked For Glamour

Ardell #108 假睫毛
Ardell #110 假睫毛

MAC # 239 扁头眼影刷
MAC # 219 尖头眼影刷
MAC # 217 松头眼影刷

手背试色

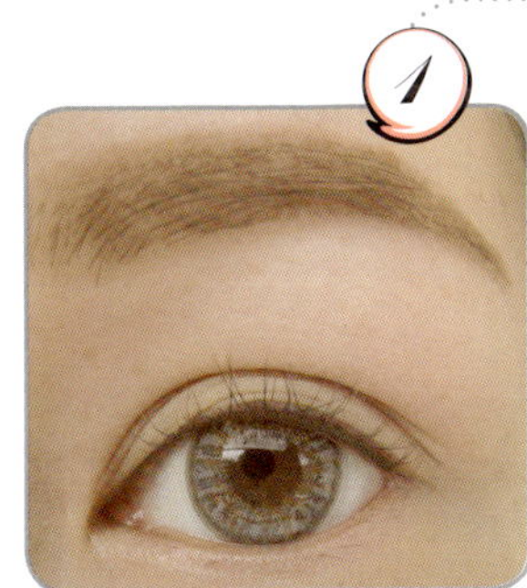

1

美瞳为 NEO Lucky Clover 四色灰

为了加强洋妞感觉，选择蓝灰色美瞳。

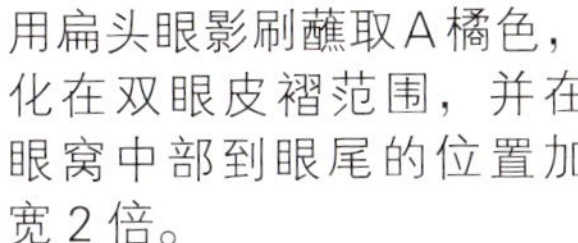

2

用扁头眼影刷蘸取A橘色，化在双眼皮褶范围，并在眼窝中部到眼尾的位置加宽2倍。

PS 单眼皮的上色范围以睁眼能看到明显颜色为准。

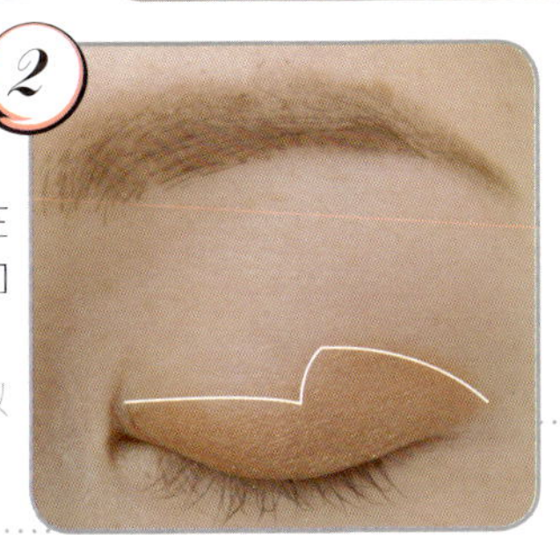

3

用尖头眼影刷蘸取B灰黑色，在A橘色的上边缘，沿眼窝弧度从内眼角向后描画一个弧形线条，两头尖，中间略粗，在距离眼头2/3的位置结束。用刷头左右来回扫动将颜色均匀散开，不要有一条死板的线条。

4

用松头眼影刷蘸取C米肤色打亮眼头及眉骨区域，并在与B灰黑色的交接处，左右来回扫动将边缘线晕染柔和。再蘸取A橘色，在A色与B色的交接处左右扫动进行晕染，消除颜色界限。

5

用棕色眼线笔勾画一个小小的假眼头，再用蓝绿色眼线笔描画整条下眼线，眼尾略粗，到眼头渐细。

6

用尖头眼影刷蘸取 D 闪亮蓝绿色叠加在下眼线处，眼尾向外水平拉长，眼尾略粗，向眼头渐细。用银灰色眼线液描画一条细致的上眼线，眼尾处略上扬，与下眼线眼尾重合。

选择一副短款基础型假睫毛与一副自然款发散状假睫毛叠加，制造给力的眼神。

完成

NARS 唇蜜 Luster

唇部使用清透型的杏橘色唇蜜。

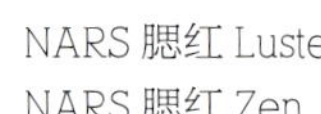

NARS 腮红 Luster
NARS 腮红 Zen

选择裸妆感十足的米棕色腮红，将妆容的重点放在眼妆上。

Kose Visee 系列魅惑美瞳 A-3

Dior 五色眼影 金璨限量版 #001

假洋妞眼窝妆
完妆图

复古红唇妆

这是一款经典的复古妆容。大红色的性感嘴唇搭配以黑色眼线为主的眼妆，可以让现代的我们重温 20 世纪 40 年代的风情。

NARS 六色眼影盘 9944
Ruby & Millie 眉粉组
Benefit Eye Bright 打亮笔
Sleek 黑色眼线胶

Ardell #108 假睫毛
Ardell #301 假睫毛

MAC #217 松头眼影刷
MAC #224 圆头眼影刷
MAC #209 眼线刷
MAC #219 尖头眼影刷

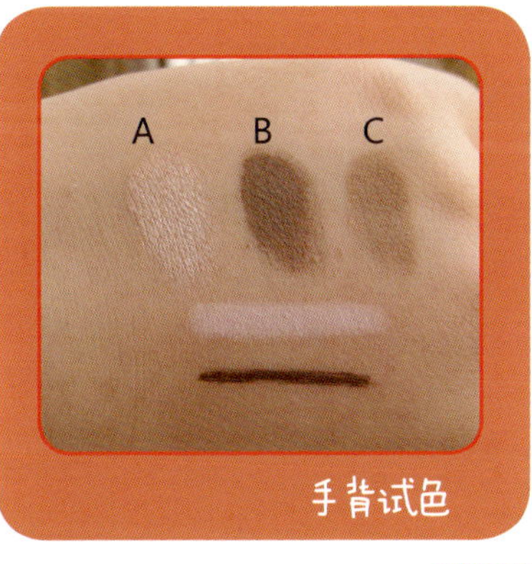

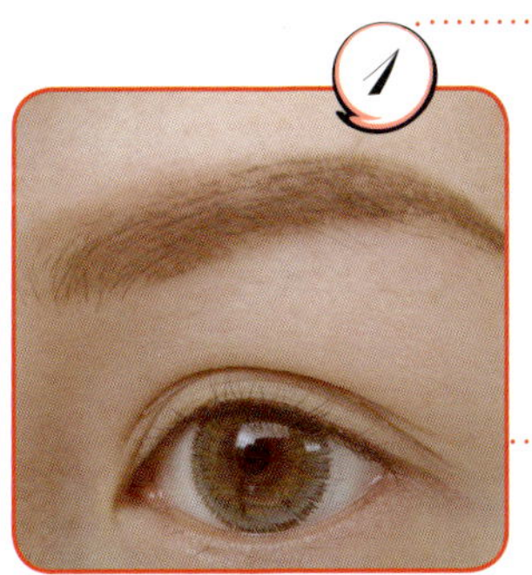

美瞳为 NEO Queen 四色绿

眉形要比日常的自然眉细长一些，眉峰略向后移，弧度加强，这样才更有复古的味道哦。

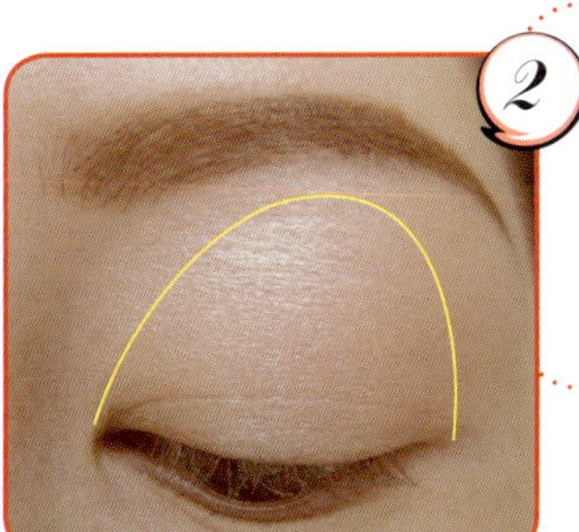

用松头眼影刷蘸取 A 香槟色刷满整个上眼皮，即从睫毛根部一直到眉骨，提亮眼皮。

用圆头眼影刷蘸取 B 亚光灰褐色，从眼尾向睫毛根部和眼窝中部描绘出一个横向 V 字形，然后用打圈的手势将颜色晕染均匀，制造凹陷的假眼窝效果。晕染时，动作要轻柔，让刷头像羽毛一样扫过眼部皮肤，轻柔地反复打圈。

用眼线刷蘸取黑色眼线胶，沿着睫毛根部仔细描画一条细眼线，眼尾处轻微上扬。

用肤粉色提亮笔涂满下眼线内膜，自然放大眼白范围。用尖头眼影刷蘸取 C 亚光浅褐色眉粉化下眼线，从眼头化到眼尾，并加粗眼尾制造自然阴影感。PS 褐色下眼线和白色内眼线不要重合。

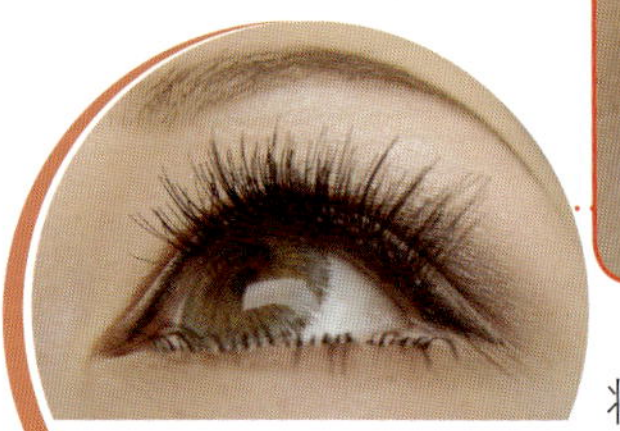

完成

将一副自然型短款睫毛与一副眼尾加强半截式睫毛叠加，制造眼尾加长并且略微下垂的效果。

复古妆容，必然少不了大红的唇色咯。先用唇线笔描画出饱满的唇形，尽量圆润平滑。然后用亚光红色唇膏涂满唇部，接着叠加棕红色唇膏。

Chanel 红色唇线笔
MAC 唇膏 Spice It Up
Sally Hansen 亚光红色唇膏

Sleek 修容高光组合
NARS 腮红 Oasis

复古妆容对底妆的要求很高，需要使用遮瑕力较好的亚光感产品，令皮肤看起来精致无瑕。

还要加强脸部立体感。一定要使用阴影粉修饰脸型，腮红要选择色彩感不强的肤色系。

替代用品
tidaiyongpin

Bobbi Brown 四色眼影盘 丝绒紫褐

雅诗兰黛 莹粹亮彩四色眼影 # 04

露华浓亚光唇膏

复古红唇妆
完妆图

梦幻粉紫晚宴妆

以亚光或者珠光质地、不同深浅的粉紫色眼影进行渐层晕染，营造梦幻风格的晚宴妆，充满女人味又不失华丽。

NARS 双色眼影 Sugarland
Sleek 12 色眼影盘 Acid
MAC Pearlglide 眼线笔 Designer Purple
Collection 2000 亮片眼线液

Ardell #Demi Luvies 假睫毛

MAC # 239 扁头眼影刷
MAC # 217 松头眼影刷
MAC # 219 尖头眼影刷

手背试色

1

美瞳为 Vassen Nudy Pink

为了营造浪漫风格的眼妆，选用粉紫色调的美瞳。

2

使用扁头眼影刷蘸取 A 金闪粉紫色，涂在眼窝范围内。

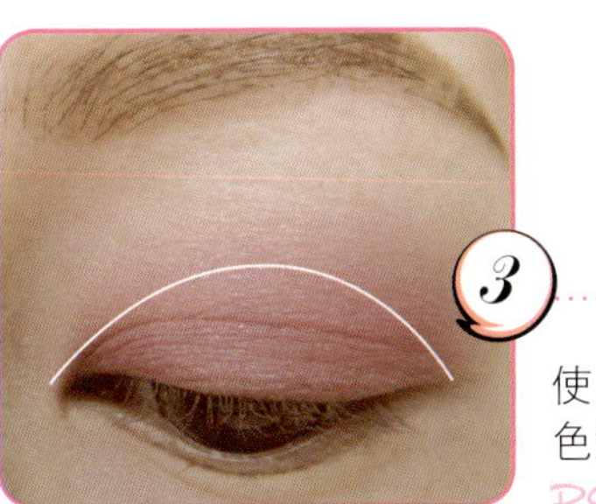

3

使用扁头眼影刷蘸取 C 紫红色涂满 2 倍眼褶的范围。

PS 单眼皮女生，就把范围控制在眼窝高度的 2/3。

4

使用扁头眼影刷蘸取 D 亚光紫色涂在双眼皮褶内。PS 单眼皮女生，就把范围控制在眼窝高度的 1/3。

5

用紫色眼线笔描画整条上眼线以及下眼线后 1/2，眼尾处平行向外拉长 3~4mm。

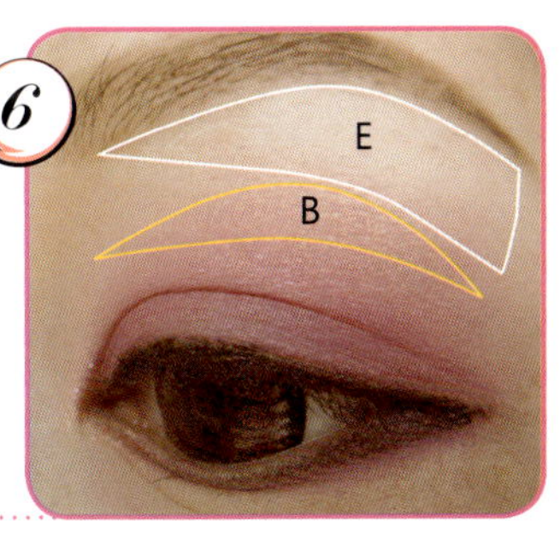

6

使用松头眼影刷蘸取 E 亚光米白色打亮眉骨，再蘸取 B 砂糖金色在 A 金闪粉紫色边缘通过左右扫动的手法晕染过渡，增加细腻的光泽感。

7

使用尖头眼影刷蘸取 B 砂糖金色打亮眼头 V 字区域，并延伸到下眼线前 1/3。蘸取 D 亚光紫色叠加在下眼线后 2/3。

8

用玫红色亮片眼线液在眼球正上方、眼线中央化一个小半月形，对称地用金色亮片眼线液在眼球正下方、眼线中央细细描画一条。这样在眨眼间，会有微妙的闪烁感，在晚宴灯光下尤其梦幻华丽。

完成

选择纤长浓密型假睫毛，增加妆容的华丽感。

先擦一层紫调裸粉色唇膏，再叠加草莓色唇蜜。

Too Faced 唇膏 Centerfold
MAC 唇蜜 Sweet Strawberry

MAC 矿物腮红 Gentle
Max Factor 修容粉条

选择紫调的粉色腮红搭配粉紫眼妆，使妆面整体看起来更加高雅。

替代用品
tidaiyongpin

纪梵希 魅彩四色眼影 #3

Coffret D' or 金炫光灿 光琢迷绚眼影 02

梦幻粉紫晚宴妆
完妆图

盘花之目撞色妆

这是一个充满夏日热情的多彩撞色妆。可以在阳光明媚的假日，带来不一样的好心情。MM 们也可以自己尝试不同颜色的撞色，玩转彩妆。

Sleek 眼影盘 Acid
Sleek 眼线胶

台湾 #715 假睫毛

MAC #219 尖头眼影刷
MAC #209 眼线刷
MAC #224 圆头眼影刷
MAC #239 扁头眼影刷

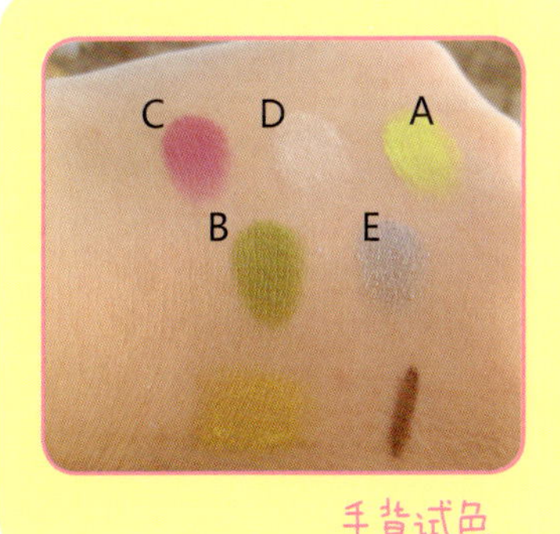

手背试色

1

美瞳为 NEO 天使三色灰

从打好底、化好咖啡色内眼线的眼睛开始。

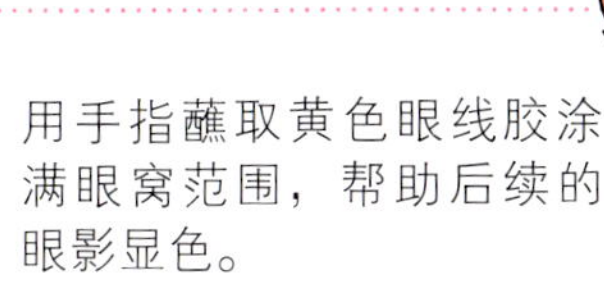

2

用手指蘸取黄色眼线胶涂满眼窝范围，帮助后续的眼影显色。

3

用扁头眼影刷蘸取 A 荧光黄绿色，叠加在之前黄色眼线胶的范围，并在颜色边缘用刷子左右来回晕染，消除明显的色块感。

4

用扁头眼影刷蘸取 B 果绿色涂在眼窝的后半部分。

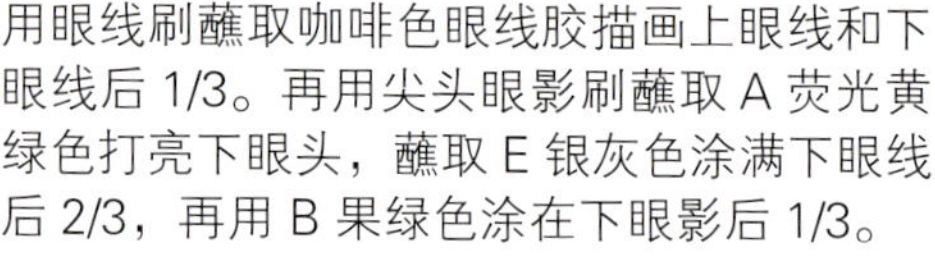

5

用圆头眼影刷蘸取 C 紫红色以打圈的方式上色于眼窝的 V 形区域，加深双眼皮褶。再蘸取 D 亚光白色打亮眉骨，并在 C 色外边缘左右扫动消除色块感。

6

用眼线刷蘸取咖啡色眼线胶描画上眼线和下眼线后 1/3。再用尖头眼影刷蘸取 A 荧光黄绿色打亮下眼头，蘸取 E 银灰色涂满下眼线后 2/3，再用 B 果绿色涂在下眼影后 1/3。

完成

选择放射状的假睫毛来增加眼睛的神采。

为了配合轻快的眼妆，唇部用透明水润感的珊瑚色唇膏与巧克力色唇膏叠加。

Sleek 唇膏 Electro Peach
Sleek 唇膏 Chocolate Kiss

选择百搭的金调蜜桃色腮红配合撞色眼妆，使妆面看起来更干净。

MAC 矿物腮红 Warm Soul
MAC 矿物腮红 Nuance
Sleek 双色修容组合

替代用品
tidaiyongpin

Coastal Scents88 色眼影盘（可网购）

盘花之目撞色妆

完妆图

彩妆窍门
Cai Zhuang Qiao Men
CHAPTER 3

DIY 自制眼影

目前市面上有很多眼影是以散粉状存在的，譬如大名鼎鼎的 MAC pigment 星尘粉、各种品牌的矿物眼影。这类散粉状眼影显色度高、光泽美丽，既可干用也可湿擦，且量大实惠，颇受臭美妞们的推崇。但是这类眼影在使用中不易控制用量、容易打翻、收纳携带比较麻烦。这里教大家一个简单的将散粉状眼影压制成固体眼影的小窍门。可以自己做眼影盘咯。

一．需要准备以下工具

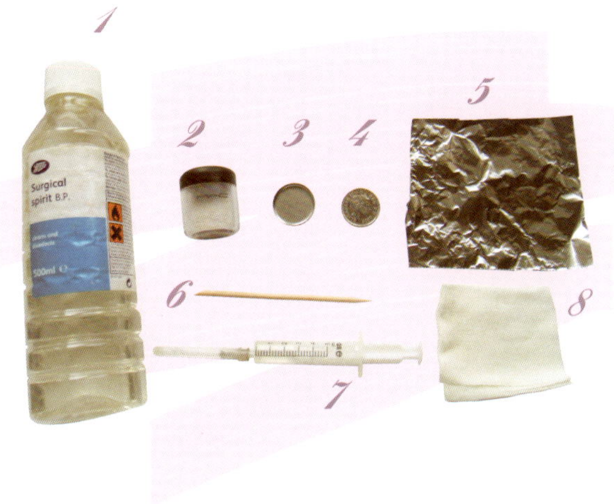

1. 医用酒精（95% 左右浓度，低一点也没关系）
2. 散粉状眼影（MAC pigment）
3. 压眼影用小铝盘
4. 硬币（要与小铝盘的直径接近，略小一点）
5. 锡纸
6. 小木棒（可以选择任何类似的工具，用来挑取眼影粉和调糊糊）
7. 注射器
8. 纱布（或者任何纹路的小片针织品）

二．跟我一起来压眼影吧

1 用小木棒挑取适量眼影粉于锡纸上。

2 用注射器吸取医用酒精。

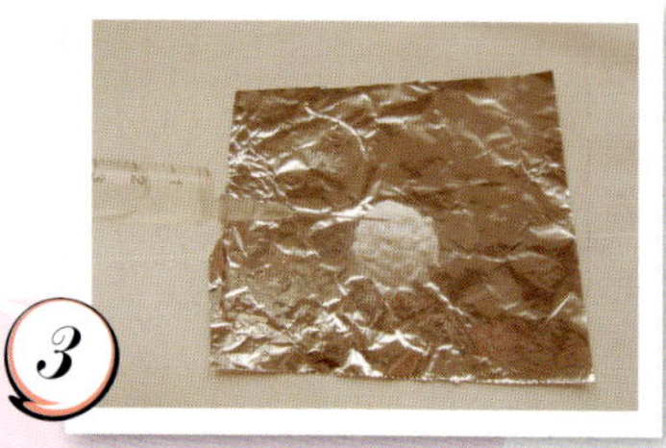

3 将注射器里的医用酒精适量地滴到取出的眼影粉中。

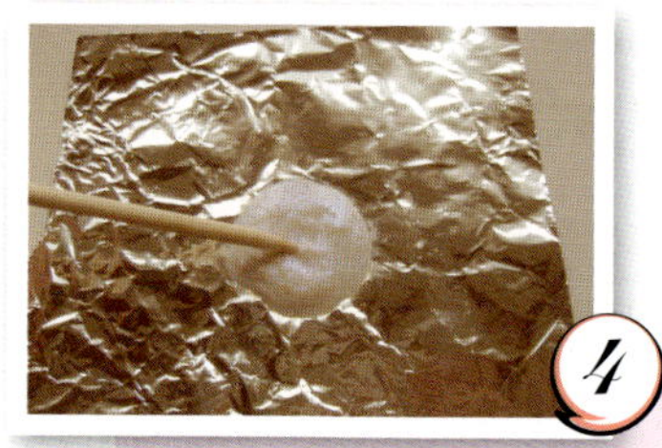

4 用木棒将滴过酒精的眼影粉调成糊状，稠度以酒精与眼影粉不会分离、呈半流动的状态为准。即使过稀也没有关系，只是晾干的时间略长而已。但是不要太干，否则压出的眼影会不够均匀。

5 用木棒将调好的眼影糊糊挑起来装入小铝盘。

6

将装满眼影糊糊的小铝盘轻轻磕几下，使眼影均匀分布在盘子里，之后放置在水平通风处晾干，静待2~3小时。

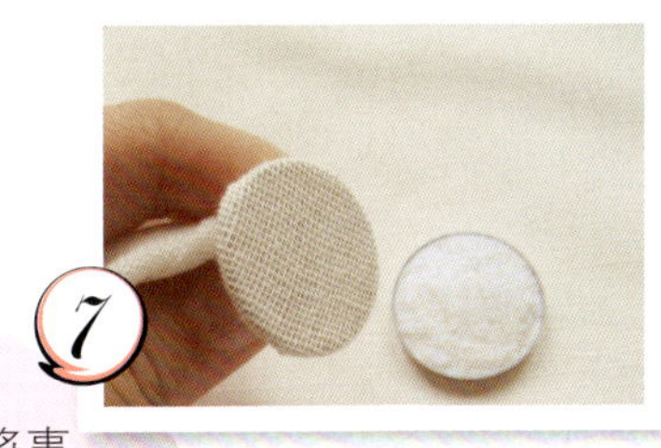

7

眼影晾至七八成干后，将事先准备好的、尺寸适中的硬币用纹路漂亮的布片或纱布包起来。

8

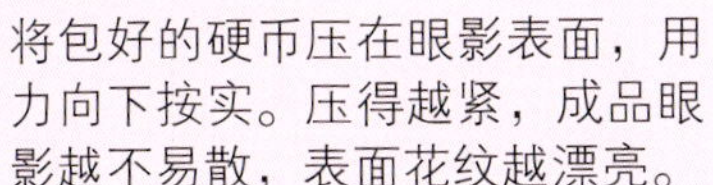

将包好的硬币压在眼影表面，用力向下按实。压得越紧，成品眼影越不易散，表面花纹越漂亮。

9

最后的成品看起来很有卖相吧。

选一个单色底座与压制好的眼影底盘相仿的多色空盘，将自己DIY的眼影成品罗列进去。一个自己随意配色的大盘子就完成咯。

让眼影不再黯然无光
——眼影显色法

眼影不显色是我们经常会遇到的问题。有时遇到质地较硬的眼影，即使用了眼部打底产品，还是不能达到理想的显色度，这时我们就需要用额外的小帮手了。

一．眼影湿用法

1. 眼影湿用喷雾（MAC FIX + 多用途喷雾）
   可以用专用眼影转换液，也可直接用纯净水。
2. 扁头眼影刷（MAC #239 刷）
3. 有显色不足问题的眼影（夜巴黎单色眼影）
4. 化妆棉片（MUJI）
   也可选用普通纸巾。

1 首先用喷雾将眼影刷刷头喷湿。如果使用纯净水，建议先将水装入喷雾瓶之后再使用，这样容易控制用量。

2 用化妆棉或纸巾吸掉刷头上的多余水分，刷头微微有潮湿感即可。

用微湿的刷头去蘸取眼影。

之后直接上色即可。如果需要后续的晕染动作，要等上眼后的眼影完全干后，换一把干的眼影刷来晕染边缘。

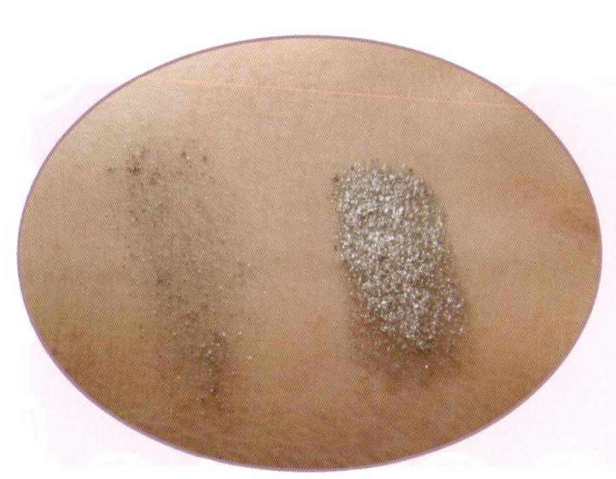

湿用前后的显色对比

左边为眼影直接干擦，不仅不显色，而且眼影颗粒很难附着在皮肤上。

右边为湿用效果，显色度、光泽度都很优秀，和左边的效果比都不像是同一个眼影哦。

二．霜状眼影辅助法

如果觉得湿用法过于麻烦，也可以用更简单的方法来解决显色问题，即用与问题眼影同色系的眼影霜打底来增加眼影的饱和度。

左侧为蓝色眼影单擦的效果，右侧为先用蓝色霜状眼影薄薄打一层底，然后再涂抹左侧那块蓝色眼影的效果。右侧明显更富有质感和光泽。这也不失为一种简单可行的提升显色度的方法哦。

怎样贴出适合自己的双眼皮

双眼皮贴是拯救不完美眼形的重要小工具。无论是单眼皮想变双眼皮，内双想变大外双，还是外双想调节大小眼，都可以利用这小小的贴纸来达到目的，无须遭受整形手术之苦。

需要的工具

1. 心仪的双眼皮贴
2. 镊子
3. 小剪刀

PS 双眼皮贴要选择黏性强、表面呈亚光肤色的产品，这样贴好后才会更隐形更自然。

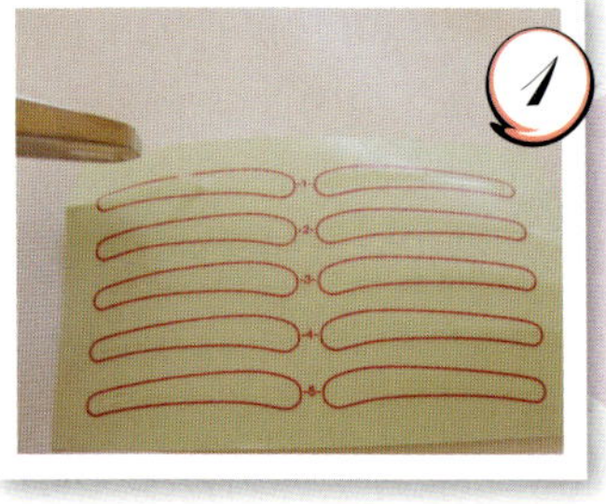

1 首先用小镊子从尾部夹起一条双眼皮贴。尽量避免用手指去碰触贴布的胶着面，以免影响贴布的黏性。

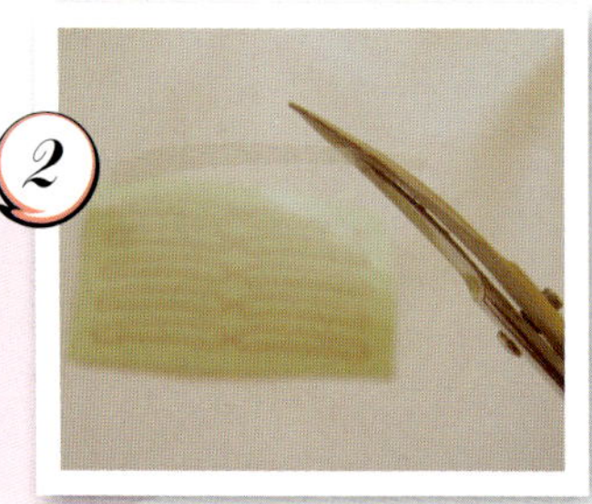

2 根据自己的眼长，用小剪刀在贴布尾巴处截掉一节，防止贴布过长而在眼尾露出痕迹。

3 修剪后的贴布就可以使用了。

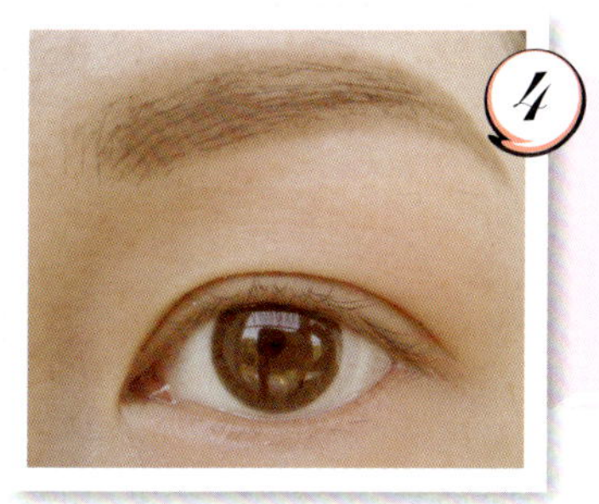

4

贴双眼皮贴前，要保持眼皮洁净无油，不要将眼霜擦到上眼皮，也不要上任何眼妆产品。

5

贴布的位置。这个要通过多次实验才能找到最适合自己的位置，如果想要贴出开放式眼头的双眼皮，要将贴布在眼头的位置贴高一点。如图所示，红色虚线为天然眼褶线，橘色线为贴布位置，眼头的地方贴得比本身眼褶高一点，就能解决内眦眼皮的问题了。

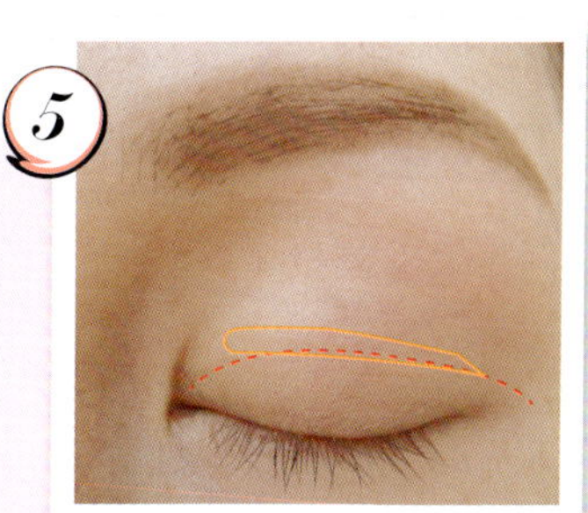

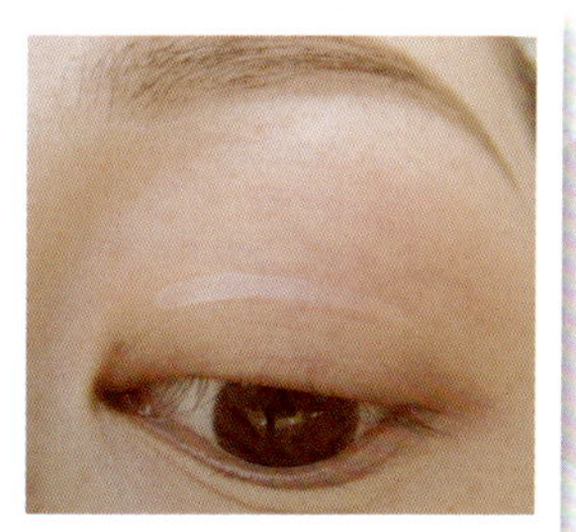

打底前，贴布还是有少少反光的。

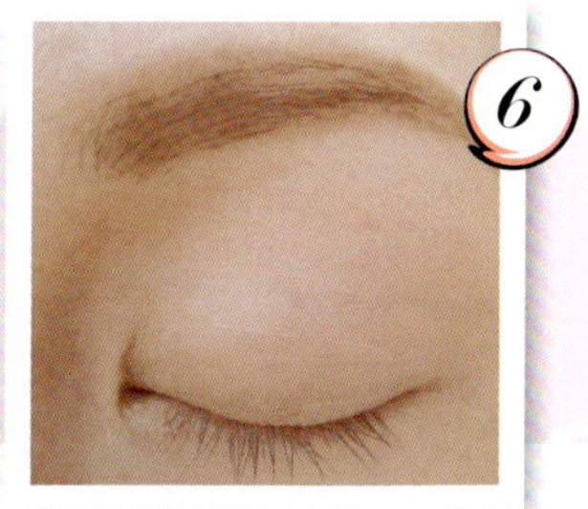

打底后，贴布也变成纯亚光了。可以放心地化眼妆了。

6

在贴好的贴布上，涂上眼部打底产品，使贴布的表面质地、颜色与眼皮一致。

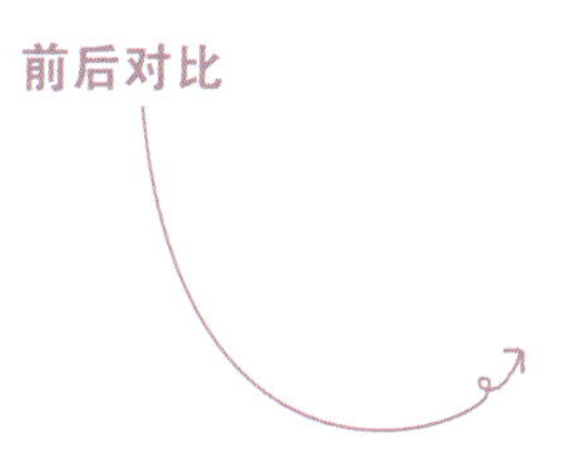

前后对比

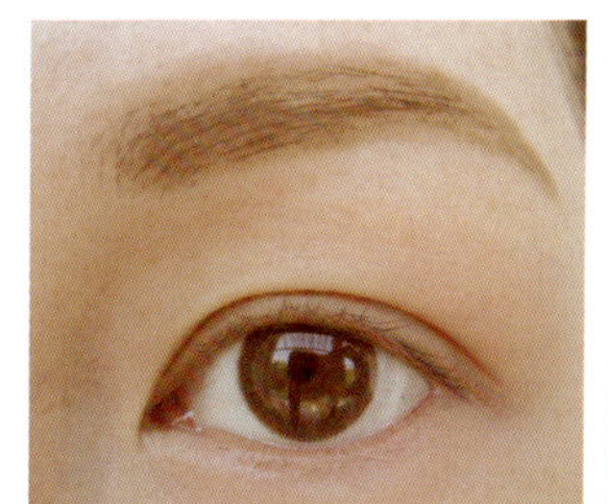

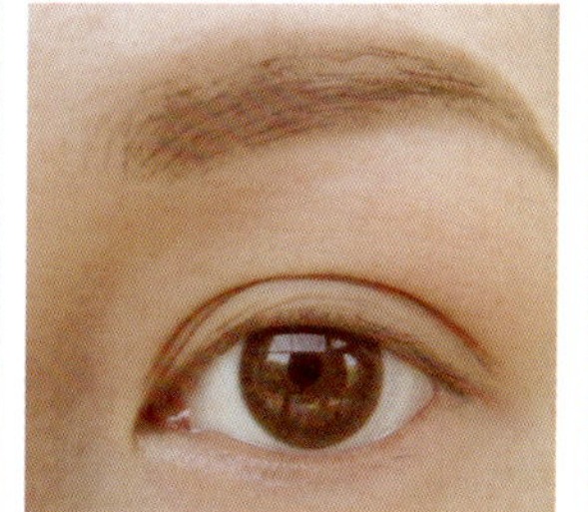

是不是眼睛一下子大了很多呢？

不可忽视的卸妆

每天的卸妆功课万万不可懈怠，这可是保持好皮肤的重要步骤。彩妆确实可以令我们看起来更漂亮，但带着残留彩妆过夜绝对不是什么漂亮事儿哦。

一．面部卸妆

面部卸妆产品一般分为卸妆霜、卸妆油和卸妆巾。

• 卸妆霜的使用

干脸干手使用。将卸妆霜均匀涂满面部，轻柔按摩 1~3 分钟，再用浸湿的化妆棉片或卸妆巾擦拭干净即可。适合中性、干性皮肤，滋润不紧绷，清洁彻底。

• 卸妆油的使用

干脸干手使用。将卸妆油均匀涂满面部，轻柔按摩 1~3 分钟，手心加少量清水后继续按摩乳化，最后用清水冲洗干净。因为有些卸妆油含有堵塞毛孔的矿物油，建议使用卸妆油后，再用温和的洁面产品进行二次清洁，防止发痘。

Liz Earle 卸妆霜
宝艺清洁霜
肯园巨人神油

二．眼部卸妆

建议使用专门的眼部卸妆产品。我个人最喜欢水油分层的卸妆液，无须用力就能彻底卸除防水型眼妆。

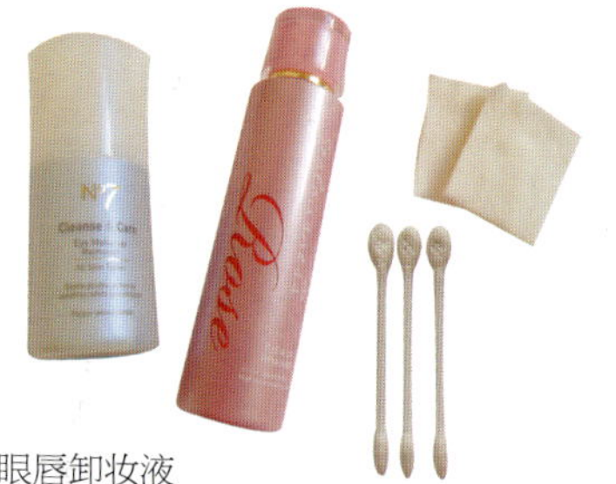

眼唇卸妆液
（No.7 眼唇卸妆液，Jealousness 玫瑰眼唇卸妆液）
化妆棉片（MUJI）
棉花棒

使用方法

1. 将卸妆液摇匀后倒在化妆棉上，量可稍多些，将棉片浸透。
2. 把卸妆棉按压在眼皮上，稍待 1~2 分钟，让卸妆液融化眼妆。
3. 轻柔地从上到下擦拭，直至所有眼妆都被卸除。
4. 将棉花棒用卸妆液浸透，清理眼线和眼角等细小部位，彻底清除眼妆残留物。

刷具大清洗

得当的刷具清洗方法，可以延长刷具的使用寿命。保持刷具清洁无菌，也使上妆过程更加轻松愉悦。

一．简易清洗法

每次化妆后，快速地清洁刷具。这种方法无须过水，且能起到消毒作用。

使用工具

1. MAC 洗刷水
2. 化妆棉片

1 将洗刷水适量地倒在棉片上。

2 将用脏的刷子刷头在浸湿的棉片上来回擦拭。

3 不会再有脏东西蹭下来，刷头变回本色即可。将刷子平放于干燥通风处自然晾干，下次可继续使用。

二 . 深层水洗法

方法一虽然简便实用，但是长期下来，会有很多残留物积在刷子深层，无法彻底清除。因此，每隔 3~4 周，我们还需要进行一次深层水洗，给刷具们大净身。

需要的用品

强生婴儿洗发水

也可选用专门的洗刷剂，但个人经验，婴儿洗发水的效果也不赖呢，既然对幼细的婴儿胎发都能起到保护作用，对我们的刷子也可以吧，是经济实惠的替代品。

1 将刷头用清水浸湿。注意不要将水弄到刷子和刷杆连接处，以防开胶。

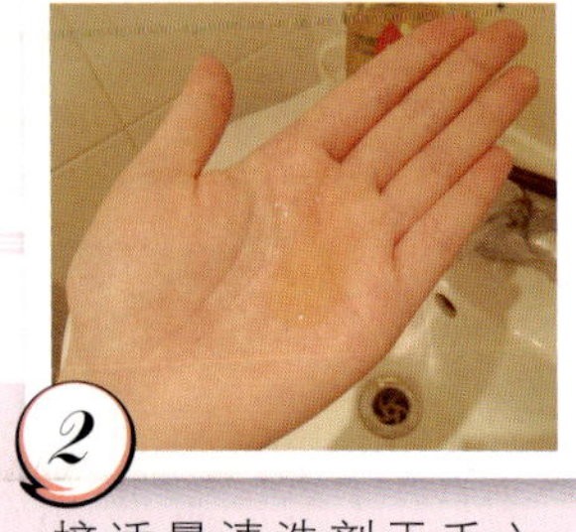

2 挤适量清洗剂于手心，用量根据刷头大小决定。

3 将刷头在手心来回打圈、揉搓。

4 让清水流过掌心，刷头在掌心上边揉搓边冲洗。

5 用手挤压刷头，将刷头里面残留的水分挤掉。重复 4 和 5 的动作，直至挤出来的水变得无色透明。

6 将刷头的刷毛整理成形后，平放于自然通风的地方自然风干，留待下次使用。